基于服务关联模式的组合服务
选取方法研究

张 斌 张长胜 刘婷婷 张岳松 著

东北大学出版社

·沈 阳·

ⓒ 张 斌 等 2015

图书在版编目（CIP）数据

基于服务关联模式的组合服务选取方法研究／张斌等著. —沈阳：东北大学
出版社，2015.9
ISBN 978-7-5517-1082-4

Ⅰ. ①基… Ⅱ. ①张… Ⅲ. ①互联网络—网络服务 Ⅳ. ①TP393.4

中国版本图书馆 CIP 数据核字(2015)第 225823 号

内容简介

本书研究了一种基于服务关联模式的组合服务选取方法。该方法利用数据挖掘等相关技术，基于 Web 服务以往的执行、调用信息，分析出具有 QoS 关联关系的服务以及建立组合服务业务模型的知识，作为组合服务业务建模与选取的基础，以提高单 SLA 与多 SLA 的选取质量。

出 版 者：东北大学出版社
　　　　　地址：沈阳市和平区文化路 3 号巷 11 号
　　　　　邮编：110819
　　　　　电话：024-83687331（市场部） 83680267（社务室）
　　　　　传真：024-83680180（市场部） 83680265（社务室）
　　　　　E-mail：neuph@ neupress. com
　　　　　http：//www. neupress. com
印 刷 者：沈阳市第二市政建设工程公司印刷厂
发 行 者：东北大学出版社
幅面尺寸：170mm×240mm
印　　张：8
字　　数：154 千字
出版时间：2015 年 10 月第 1 版
印刷时间：2015 年 10 月第 1 次印刷
组稿编辑：王　宁
责任编辑：汪彤彤　　　　　　　　　　　　　　　责任校对：春　晓
封面设计：刘江旸　　　　　　　　　　　　　　　责任出版：唐敏志

ISBN 978-7-5517-1082-4　　　　　　　　　　　定　价：25.00 元

前　言

　　面向服务的架构（SOA）是一种软件架构风格，它能够重用、组合具有松耦合特征的服务构建、维护、集成应用，以改进贯穿整个应用生命周期中的生产率以及成本。在 SOA 中，每个应用通常被设计为一个工作流和若干具体的服务。每个服务封装了一个应用组件的功能及信息资源，工作流定义了服务之间如何相互作用。服务等级协议（SLA）定义了施加于工作流实例的端到端 QoS 需求。工作流中的抽象服务需要绑定具体服务，以满足 SLA 约定的 QoS 约束。

　　在实际的场景中，很多服务之间具有 QoS 关联关系。因此，为某个抽象服务选取关联服务时，需要考虑其他抽象服务与服务间的绑定关系。目前的研究都假设服务间的关联关系已存在，或者服务提供者已经声明了与之具有关联关系的服务。在关联服务的应用层面，这些研究都集中于为 Web 服务建立关联 QoS 模型，然后基于关联 QoS 模型进行服务选取。然而，这类方法在实际应用中存在诸多问题。首先，由于造成服务之间具有关联关系的原因比较复杂（例如，服务的部署环境），难以直接分析出哪些服务具有关联关系，进而影响关联关系在组合服务中的应用；其次，很多不同的应用可以通过具有关联关系的服务实现相似的功能性需求，现有的研究大都忽略了如何将关联关系作为一种可重用的知识应用于其他具有类似功能的系统中；再次，这些研究只考虑了如何在关联关系出现的情况下进行初始选取，忽略了服务异常时，如果已完成的服务与未完成的服务之间具有关联关系，如何对组合服务进行重选取；最后，这些方法只能解决单个 SLA 感知的服务选取问题，忽略了云环境下组合服务需要为不同的用户提供具有不同 QoS 等级的组合服务实例。

　　本书共分为七章，针对组合服务优化选取问题，重点阐述了一种基于服务关联模式的组合服务选取方法。

　　第 1 章简述了服务组合和 Web 服务等研究背景，分析了当前组合服务选取所面临的实际问题。在此基础上引出了关联模式的提取过程、关联情景下单

SLA 与多 SLA 感知的组合服务优化选取的问题，并给出了问题中所涉及的主要研究工作和组织结构。

第 2 章对关联情境下组合服务优化选取问题中所涉及的关键技术进行分析和总结。分别给出了 Web 服务组合、组合服务选取、Web 服务模式提取等相关领域的研究现状，以和本书方法进行对比分析。

第 3 章首先给出了提取服务关联模式的研究动机，并给出了与服务关联模式相关的定义；其次，给出了服务关联模式的提取框架，简要叙述了服务关联模式的提取过程；再次，叙述了服务关联模式在组合服务中应用的过程；最后，提出了服务关联模式的选取算法，并给出了一个实例验证该方法。

第 4 章给出了提取服务关联模式的方法。首先，给出了具有 QoS 关联关系的服务的挖掘方法；其次，恢复了组合服务的控制流程结构；再次，基于映射规则提取出具有关联关系的抽象服务；最后，给出实验对提取服务关联模式的方法进行验证。

第 5 章描述了基于服务关联模式的组合服务动态选取方法。首先，给出了服务的关联 QoS 模型，并基于关联 QoS 模型给出了关联服务的 QoS 聚合函数；其次，给出了支持关联 QoS 模型的服务选取方法；再次，建立了 Web 服务的性能模型，根据环境状态预测 Web 服务的性能，并给出了关联情境下的组合服务重选取算法；最后，对服务选取方法的效果与效率进行了验证。

第 6 章给出了关联情境下支持多 SLA 间服务共享的组合服务选取方法。首先，以关联 QoS 为基础，给出了支持服务共享的 QoS 聚合函数；其次，估算了服务实例的并发请求阈值；再次，使用多目标遗传算法对该问题进行了求解；最后，给出了实验验证该方法的有效性。

第 7 章为结论。对全书工作进行总结，介绍所取得的成果，并给出下一步的研究方向。

本书的完成得到了东北大学信息科学与工程学院计算机应用技术研究所各位同事的大力支持，特别感谢张岳松博士为本书所付出的辛勤劳动。本书的研究工作先后得到了国家自然科学基金项目（61572116，61572117）、宁夏回族自治区自然科学基金资助项目（NZ13265）、中央高校东北大学基本科研专项基金项目（N120804001，N120204003）的资助。

由于作者水平有限，书中难免存在不妥及疏漏之处，欢迎各位专家和广大读者给予批评指正。

作　者
2015 年 5 月

目　录

第1章　引　言

1.1　研究背景

　　SOA(面向服务的体系结构)是一种软件架构风格，它能够重用、组合具有松耦合特征的服务构建、维护、集成应用，以改进贯穿整个应用生命周期中的生产率以及成本[1]。在 SOA 中，每个应用通常被设计为一个工作流和若干具体的服务。每个服务封装了一个应用组件的功能及信息资源，工作流定义了服务之间如何相互作用。SOA 中的服务是指能够处理任务过程的动作的抽象概念，这些服务可以被描述、发现，而后由服务代理负责向请求者提供服务并给出结果。随着网络技术的迅速发展和互联网的普及，Web 服务已经成为实现 SOA 技术的最佳途径之一[2]。

1.1.1　Web 服务与组合服务

　　Web 服务是一种通过统一资源标识符(URI)识别的自治软件系统，它能够发布、定位并根据基于 XML 的标准(例如，SOAP,WSDL 和 UDDI)封装的消息进行访问并且跨互联网使用的软件应用[3,4]。Web 服务封装了应用程序的功能以及信息资源，并通过标准的编程接口进行调用。依据 Web 服务技术规范实施的应用之间可以方便地交换数据或者集成，无论这些应用使用的是何种语言、平台或协议。Web 服务的出现为多个组织之间业务流程的集成提供了一个通用的机制，使分布式系统和软件集成技术进入了新的发展阶段，已经成为工业界和学术界备受关注的主题之一。

　　为实现互操作性，Web 服务平台给出了一套标准的协议，用于沟通异构平台、不同编程语言构建的不同类型系统。这些协议[5]如下。

① SOAP。它是用于交换 XML 编码信息的轻量级协议，并且可以运行在任何其他传输协议上（例如，HTTP，FTP，SMTP 等）。

② WSDL。它是一个机器可理解的规范，描述了 Web 服务的结构、操作特性和非功能性特性，并规定了 Web 服务所使用的连线格式和传输协议。

③ UDDI。它是一种提供了基于 Web 服务的注册和发现机制的规范。UDDI 注册中心包含了通过程序手段可以访问到的针对企业和企业支持的服务所做的描述，以及对 Web 服务所支持的因行业而异的规范、分类法定义、标识系统的引用。

在实际应用中，单个 Web 服务往往无法满足用户的需求。因此，需要以特定的方式将若干个服务组合起来产生增值服务，称为 Web 组合服务。组合服务是指根据特定的业务目标，将多个服务按照其功能、语义及它们之间的逻辑关系组装起来，提供具有增值功能服务的过程[6]。一方面，这样可以更充分地利用现有的 Web 服务资源；另一方面，也能加快系统的开发速度，提高软件的开发效率。因此，Web 组合服务是服务计算中的一个核心问题，也是解决复杂 Web 应用的一种有效方案。

1.1.2 组合服务选取方法

随着服务计算技术的广泛应用，在网络中存在大量具有相同功能的 Web 服务，很多能够提供相似功能的服务具有不同的 QoS 属性。服务等级协议（SLA）定义了施加于组合服务端到端的 QoS 需求[7]，例如吞吐量、延时和成本（即服务的使用费用）。为了满足给定的 SLA，必须在适合的 QoS 等级中选取服务绑定到工作流中的抽象服务（在本书中，抽象服务与任务表示的是相同的概念，二者可以互换）。这种决策问题被称为 SLA 感知的服务组合问题，它是一个搜索抽象服务与具体服务实例之间最优绑定关系的组合优化问题。

组合服务选取问题通常需要面对 SLA 中 QoS 目标的冲突，例如，用户希望可靠性越高越好，价格越低越好。很多方法[8,9]使用聚合函数将 QoS 目标进行归一化处理，使之转化为一个目标函数。服务选取问题就转化为满足组合服务端到端 QoS 约束的条件下，寻找能够使目标函数最大（或最小）的解的问题。另一些方法[10,11]则是寻找满足约束条件的一系列具有等效质量的可互相替代的方案。在这些优化方案中，服务提供者能够基于用户的喜好与优先级决定哪个方案能够使用在相应的应用中。例如，某些用户喜好低成本的服务，那么该组合服务执行实例具有较低的吞吐量；另一些用户希望获得较高的吞吐量，那么用户需要为此支付较高的费用。

组合服务选取方法可以分为单 SLA 与多 SLA 感知的选取方法。在单 SLA 感知的组合服务选取方法中，一次只能为一个用户选取出组合服务执行实例。目前，大多数研究都集中于满足单个 SLA。然而，随着"云计算"的兴起，部署在云环境下的组合服务系统需要为不同类别的用户服务。例如，亚马逊的 EC2 提供了 8 个不同的部署计划，通过为服务实例分配不同的资源，使得每个计划都可以满足不同的 QoS 等级[12]。因此在为工作流选取需要绑定的服务时，不能仅仅考虑单个用户的 SLA，还需要同时考虑多类用户的 SLA 需求。因此，从组合服务满足用户类别的角度看，可以将服务选取方法分为单 SLA 感知与多 SLA 感知的服务选取。

1.2　本书研究的问题与内容

1.2.1　支持关联情景的组合服务优化选取问题

在服务选取的场景中，很多服务之间具有 QoS 关联关系，使得某些服务在一起使用时效果较好，进一步导致了某些任务（即抽象服务）之间也具有潜在的关联关系。例如，在"旅行者计划"组合服务中，会使用到预订机票与支付服务，选择与航空公司具有合作伙伴关系的银行支付票款时，可以获得打折优惠，导致预订机票的任务与支付任务之间具有了潜在的关联关系。因此，忽略任务之间的关联关系，会消极地影响组合服务选取或重选取的效果。然而，目前关于关联感知的组合服务优化选取依然存在很多问题。

首先，目前很多研究都假定服务间的关联关系已经存在，或者服务提供者已经在服务规范中声明了与之具有关联服务的关系。然而，只有当某些服务提供者之间具有业务合作关系时，服务提供者才会对与之具有 QoS 关联关系的服务作出清晰的声明。某些外部因素也可能导致一些服务在一起调用时，具有比较好的效果。例如，两个提供不同功能的 Web 服务同时托管于同一家服务器租赁商，由于它们处在同一个局域网内，使得二者之间交换消息的速度较快，同时调用这两个服务可以获得较快的响应时间。因此，外部因素或者服务部署的物理环境的制约也能够使一些服务之间存在质量关联关系。由于造成服务间关联关系的原因较为复杂，难以直接分析出哪些服务具有关联关系，因此影响了关联关系在服务选取中的应用。

其次，很多不同的应用可以通过具有关联关系的服务实现相似的功能性需求。例如，一个"旅行者计划"组合服务会预订机票并通过银行进行支付，另一个"安排会议行程"的组合服务也会预订机票到目的地开会。这两个应用之间存在着部分相同的功能性需求。现有的在关联情景下进行服务选取的研究仅仅引入了支持关联关系的 QoS 描述模型，或者给出了支持关联关系的组合服务选取方法，而忽略了如何将关联关系作为一种可重用的知识应用于其他具有类似功能的系统中。

再次，由于 Web 服务部署在高度动态的网络环境中，因此在实际的执行过程中，某些 Web 服务的 QoS 值可能会偏离预期。此时需要重新选取可执行、满足用户需求的服务，确保组合服务的正常执行。然而，在关联服务出现的情况下，存在着一种情况：某些已经完成的任务与尚未完成的任务之间具有关联关系。现有的算法几乎忽略了该问题。

最后，在多 SLA 感知的服务选取方法中，需要为一个应用部署多个工作流实例（即绑定了具体服务的工作流），每个工作流实例提供一个等级的 QoS。目前，研究多 SLA 感知的服务选取方法比较少，这些方法将一个应用中的多个工作流实例统一编码，并独立地搜索适合每个等级 SLA 的具体服务。然而，这些方法都没有采用关联 QoS 作为服务选取的基础，造成了其使用的 QoS 值往往不准确。除此之外，目前的研究还存在两个问题：第一，当服务空间中性能较高的服务为某一个等级的工作流实例占有时，与之具有相似功能的其他服务由于性能较低难以满足其他工作流实例的需求，造成了无法为该应用搜索到一个可行解；第二，由于单独地为每个工作流实例部署对应的具体服务，使得高性能的服务只能服务于一个等级的工作流实例，造成了服务使用效率的降低，进而浪费了计算资源。

综上所述，如何在组合服务选取过程中充分考虑以上情况，以提高服务选取方法的实际效果，是一个需要解决的问题。

1.2.2 本书主要研究内容

针对上述组合服务优化选取的问题，本书研究了一种基于服务关联模式的组合服务选取方法。该方法的大致思路可以描述为：首先，需要从组合服务以往的执行日志中提取出与服务之间的关联关系相关的知识模式；其次，为了将挖掘到的关联知识模式充分利用到组合服务的应用中，给出一个关联知识模式的选取方法，以选取出能够实现用户需求的模式；最后，将提取的知识模式应用到组合服务优化选取中，以提高单 SLA 与多 SLA 感知的服务选取方法的效果。图 1.1 给出了实现上述研究思路的过程。如图所示，本书的主要研究内容如下。

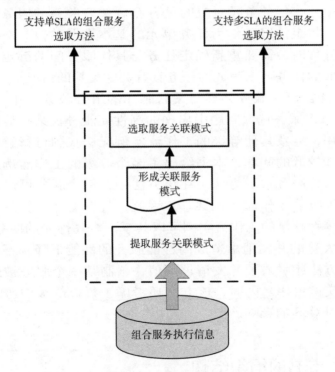

图 1.1 本书的研究体系

Fig. 1.1 The research architecture of this dissertation

① 服务关联模式的提取方法。该方法基于组合服务以往的执行信息，挖掘出具有 QoS 关联关系的 Web 服务，并根据服务调用事件日志，推理出组合服务的控制流程结构。最后，将具体服务间的关

联关系映射到抽象服务间的关联关系。关联抽象服务及其对应的QoS 关联服务、组合服务的控制流程结构记录为服务关联模式。抽象服务与控制流程的设计反映了领域专家的相关知识。关联服务模式可以直接应用于其他的组合服务系统中。

② 服务关联模式的选取方法。该方法通过匹配关联抽象服务与用户的功能性需求，选出能够实现（或部分实现）用户需求的关联模式。选取出的服务关联模式包含的抽象服务及其对应的控制流程结构可以用于构建组合服务工作流程，它包含的具有 QoS 关联关系的Web 服务可以用于组合服务的选取阶段。

③ 支持单 SLA 的关联感知的组合服务优化选取方法。该方法在QoS 感知的服务选取算法中，将服务关联模式包含的抽象服务作为一个任务单元，任务单元对应的具有 QoS 关联关系的服务作为一个组件服务，将组件服务作为任务单元的基本选取单位。一旦某一个服务发生异常时，需要重新确定任务与具体服务间的绑定关系，特别是已完成的任务与未完成的任务具有关联关系的情况。

④ 支持多 SLA 服务共享与关联感知的组合服务优化选取方法。为解决多 SLA 服务选取问题中出现的高性能服务被某一等级的工作流实例占用，导致其他等级的工作流实例无法找到可行解以及计算资源利用率较低的问题，本书给出了多个等级的工作实例间可以共享服务的组合服务选取方法。在该方法中，每个服务可以被一个应用下多个等级的工作流实例共享。因此，具有低吞吐量的工作流实例以及中等吞吐量的工作流实例可以共享一个高性能的服务。此外，为了防止大量的并发请求造成高性能服务的性能下降到不可接受的程度，本方法还引入了并发请求阈值，限制某一个服务被过多等级的工作流实例占用。同时，该方法还考虑了每个等级内服务之间的关联关系对 QoS 的影响。

1.3　本书的组织结构

本书共分为七章。

第 1 章为引言，简述了组合服务和 Web 服务等研究背景，分析了当前组合服务选取所面临的实际问题。在此基础上引出了关联模式的提取过程、关联情景下单 SLA 与多 SLA 感知的组合服务优化选取的问题，并给出了问题中所涉及的主要研究工作和本书的组织结构。

第 2 章对关联情境下组合服务优化选取问题中所涉及的关键技术进行了分析和总结。分别给出了 Web 组合服务、组合服务选取、Web 服务模式提取等相关领域的研究现状，以和本书方法进行对比分析。

第 3 章首先给出了提取服务关联模式的研究动机，并给出了与服务关联模式相关的定义；其次，给出了服务关联模式的提取框架，简要叙述了服务关联模式的提取过程；再次，叙述了服务关联模式在组合服务中应用的过程；最后，提出了服务关联模式的选取算法，并给出了一个实例验证该方法。

第 4 章给出了提取服务关联模式的方法。首先，给出了具有 QoS 关联关系的服务的挖掘方法；其次，恢复了组合服务的控制流程结构；再次，基于映射规则提取出具有关联关系的抽象服务；最后，给出实验对提取服务关联模式的方法进行验证。

第 5 章描述了基于服务关联模式的组合服务动态选取方法。首先，给出了服务的关联 QoS 模型，并基于关联 QoS 模型给出了关联服务的 QoS 聚合函数；其次，给出了支持关联 QoS 模型的服务选取方法；再次，建立了 Web 服务的性能模型，根据环境状态预测 Web 服务的性能，并给出了关联情境下的组合服务重选取算法；最后，对服务选取方法的效果与效率进行了验证。

第 6 章给出了关联情境下支持多 SLA 间服务共享的组合服务选取方法。首先，以关联 QoS 为基础，给出了支持服务共享的 QoS 聚合函数；其次，估算了服务实例的并发请求阈值；再次，使用多目标遗传算法对该问题进行求解；最后，给出了实验验证该方法的有效性。

第 7 章为结论。对全书工作进行总结，介绍所取得的成果，并给出下一步的研究方向。

第2章 本书相关研究与相关技术

    Web 服务是一种用来支持跨网络机器到机器间互相通信的软件组件。由于单个 Web 服务难以满足用户的复合需求，因此需要将已有的 Web 服务按照一定的业务逻辑（工作流）组合起来构成复杂的组合服务，从而满足用户的需求。SLA 是一个从客户角度出发，使用服务质量指标把服务提供者承诺的服务质量量化的服务等级协议[13]。在满足用户的功能需求时，还需要满足来自 SLA 的质量约束和目标。从大量具有相同功能不同质量的服务中选取出具体服务绑定工作流中的抽象服务，以满足给定的 SLA。这种决策问题被称为 SLA 感知的服务组合问题，它是一个搜索抽象服务与具体服务实例之间最优绑定关系的组合优化问题。

    如何从备选服务集中选取出满足用户约束的前提下具有最优质量的服务，一直是 Web 服务组合领域所关心的问题。为了有效地研究这一问题，本章将综述一些有关服务选取的相关技术，包括 Web 服务、Web 服务组合、Web 服务选取，以及 Web 服务挖掘技术等相关知识。

2.1 Web 服务

    Web 服务是自描述、模块化、由 URL 标识的应用程序，是一种部署在 Web 上的对象，它采用基于 XML 和 Internet 的开放标准，支持基于 XML 的接口定义、发布和发现[14]。Web 服务能够使运行在不同机器上的不同应用无须借助附加的第三方软、硬件，就可以交换数据或集成。支持 Web 服务规范的应用之间，可以交互数据，无论它们使用什么样的语言、平台或内部协议。Web 服务具有如下特点[15]。

① 松耦合。由于服务请求者通常使用消息来调用服务，服务提供者也通过消息进行响应，而非应用编程接口或文件格式。因此服务请求者无须了解服务提供者实现的具体技术细节，诸如编程语言、部署平台等。因此它们之间的绑定是松耦合的。

② 良好的封装性。从外部使用者的角度来看，Web 服务是一种部署在互联网上的对象或者组件。其只开放接口与服务描述，而隐藏了具体实现细节。

③ 使用标准协议规范。Web 服务使用基于 XML 的标准来描述、发布、发现、协调和配置应用程序，并使用互联网的标准协议（例如，HTTP）进行通信。

面向服务的体系结构由 3 个参与者和 3 个基本操作构成[16]。3 个参与者分别是服务提供者（Service Provider）、服务请求者（Service Requester）和服务代理者（Service Registry）；3 个基本操作分别为发布（Publish）服务描述、查找（Find）服务描述和基于服务描述绑定（Bind）或调用（invoke）服务[17]。图 2.1 展示了 SOA 中参与者间的协作，并描述了 SOA 中角色和操作之间的关系。服务提供者将服务发布到服务代理的目录上（通常是 UDDI）；当服务请求者需要调用该服务时，它首先利用服务代理提供的目录去搜索该服务，得到如何调用该服务的信息；然后根据这些信息去调用服务提供者发布的服务。当服务请求者得到调用所需服务的信息之后，通信是在服务请求者和服务提供者之间直接进行的，而无须经过服务代理。

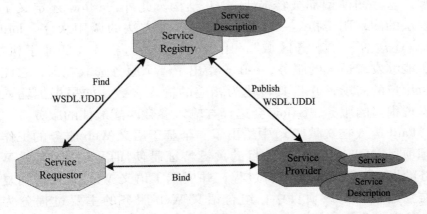

图 2.1　面向服务的体系结构

Fig. 2. 1　Service Oriented Architecture

2.2 Web 服务组合技术

单一 Web 服务功能简单，难以满足某些实际应用的需求，需要把现有的单个 Web 服务组合为功能复杂的增值服务[18]。Web 服务组合就是通过服务查找以及服务之间接口的集成，将多个自治的 Web 服务根据应用需求进行组合，从而提供功能更强的服务。Web 服务组合是服务计算领域的研究热点问题，目前已有大量的研究者对其进行了深入的研究，并提出了许多服务组合方法。可以将 Web 服务组合技术[19]分为基于工作流的服务组合、基于 AI 规划的服务组合和模型驱动的服务组合。

2.2.1 基于工作流的 Web 服务组合方法

业务流程驱动的 Web 服务组合主要以工作流技术为基础，由一组静态或动态确定的基本服务按照流程结构构建而成[20]。业务流程驱动的 Web 服务组合是在业务流程的基础上通过服务绑定形成的。目前很多相关国际标准都支持基于工作流的组合服务，例如 BPEL4WS[21]，BPML[22]，WSFL[23]等。

HP 公司开发了一个称为 e-flow 的系统[24]，组合服务在该系统中被描述为由基本或组合服务组成的过程模式，并由系统的流程引擎解释执行。在 e-flow 中，组合服务被建模为服务调用流程定义的图模型，这些图模型都被转换为 XML 结构。此外，e-flow 还定义了一个底层的图，用于指定一个特定服务包含方法的调用次序。同时，e-flow 还包括了"事务区域"，用于确保某些过程片段的原子执行。为了能够发现适合的服务，e-flow 给出了一个服务选取规则，它能够分析用户的需求，并将其转化为相应的输入参数。如果根据输入参数发现很多的服务，e-flow 会选择与输入参数匹配最佳的服务。

Patil 等人在文献[25]中给出了一个基于语义 Web 服务的工作流管理项目 METEOR-S，该项目的关键特征是使用语义技术完成 Web 服务的发布、发现以及组合过程，并展示了语义 Web 服务之间复杂的交互过程。在该项目中，组合语义 Web 服务的主要过程分为开发、注解、发现、组合和执行。

Sheng 等人在文献[26]提出了 SELF-SERV，它定义了 3 种类型的服务，即基本服务、组合服务和服务社区。服务社区可以被看作一个可替代服务的容器。通过操作的输入、输出参数以及产生的事件将服务组合在一起。它采用了状态图对组合服务进行建模，提出了基于动态 P2P 的服务执行模式，提高了开放环境中组合服务的可伸缩性。

基于工作流驱动的服务组合方法，大多根据固定的工作流程或已有的业务规则构建一个工作流程，很多时候需要借助领域专家的经验建立组合服务的业务模型，因此其人工参与程度较高。

2.2.2 基于 AI 规划的 Web 服务组合方法

基于 AI 规划的服务组合方法将服务组合问题看作一个规划问题的自动求解，通过给定一个初始状态和目标状态，在一个服务集合中自动找到一条服务组合路径，以达到从初始状态到目标状态的演变[27,28]。这类方法通常都有一个假设：每个 Web 服务都能够被规划情景中的先决条件(preconditions)与效果(effects)定义，先决条件与效果分别代表着服务的输入、输出参数。此外，先决条件也是服务执行前预先需要的状态，效果则是服务执行后产生的新状态。因此，如果用户能够指定组合服务需要的先决条件与最终效果，那么无须预先定义好工作流，就可以通过逻辑推理或者 AI 规划自动产生组合规划。

文献[29]将描述 Web 服务的标准过程模型以及执行语言(例如，BPEL4WS)自动转化为知识层面的表述，将自动组合问题描述为一种利用知识进行规划的问题。文献[30，31]采用了一个领域独立的分层任务网络(HTN)的规划系统 SHOP2 将一个复杂的任务逐层分解，直到分解为一系列粒度较小的简单任务，这些简单任务对应着服务中的操作。同时这些任务能够直接按照 SHOP2 规划的顺序执行。

然而，HTN 只有在领域知识比较完备或者至少部分分层结构的行为执行模式有效的情况下，才能较好地完成 Web 服务的自动组合。例如，如果用户输入的规划任务在域中没有响应，那么就无法利用 HTN 对其进行规划。文献[32]展示了一个基于 OWL-S 的服务组合规划方法(称为 OWLS-Xplan)，该方法能够对语义 Web 服务进行快速灵活的组合。同时该方法将 OWL-S 转化为使用 PDDL 语言指定的领域描述。文献[33，34]以 OWL-S 的 ProcessModel 为出发点，将语义 Web 服务建模为动态描述逻辑的动作理论，分别对 ProcessModel 原子过程与复合过程中的输入、输出、前提条件，以及数据流、控制流程结构进行刻画，并基于动态描述逻辑的描述和推理功能进行服务组合。

2.2.3　模型驱动的 Web 服务组合方法

模型驱动的服务组合方法是以模型为出发点，对实际问题进行抽象建模，然后将其映射到可执行的标准（例如，BPEL4WS），实现组合服务系统的运行。这类方法中，统一建模语言（UML）用来提供高层的抽象，目标约束语言（OCL）用来表述业务规则并描述过程流程。业务规则用来编排服务组合，以描述服务选取和服务绑定。

在面向服务的开发过程中，使用 UML 进行建模可以使开发者容易理解和设计系统。目前已有很多方法研究了将服务描述（例如 WSDL 等）转换为 UML 模型。例如，文献[35]给出了一种基于 UML 的模型驱动的服务组合方法，该方法将 WSDL 的信息转化为 UML 类图，并说明了从组合服务模型到具体执行结构的转换过程。文献[31]与[36]通过扩展类图与活动图，实现了 UML 到 OWL-S 的格式转换。

业务规则驱动的服务组合类似于模型驱动的组合，它同样为组合架构定义了四个基本组件：服务的定义、编排、构造与执行。文献[37]设计了一套能够声明业务如何操作的业务规则，例如，与组织内业务过程相关的指南以及约束。该文献将业务规则分为 3 类：后向链接规则（Backward-chaining rule）、正向链接规则（Forward-chaining rule）和数据流规则（Data flow rule）。后向链接规则主要规定了要执行一个任务需要满足的条件，相当于施加于该任务上的控制流程约束。正向链接规则根据某一个任务的执行结果判定还需要添加或放弃哪些任务。通过这些规则可以构建的工作流控制流程，数据流规则用于指定任务间的数据流。

目前，服务组合的方法较多，以上只列出了有限的 3 种组合方法。除了服务组合方法之外，国内外研究者还对组合服务的选取方法进行了大量的研究。在下一节，将重点给出 Web 服务选取的相关技术。

2.3 组合服务选取

这一阶段不需要关注服务组合的过程，而需要为现有的抽象服务工作流程选取满足端到端 QoS 约束的 Web 服务。由于出现在互联网中具有相似功能的 Web 服务越来越多，用户更多地关注于组合服务提供的质量，例如，响应时间、价格、可靠性、吞吐量等 QoS 属性。本书将基于 QoS 的组合服务选取方法分为单 SLA 与多 SLA 感知的服务选取方法。下面对这些方法进行分析介绍。

2.3.1 单 SLA 感知的 Web 服务选取方法

目前，已存在很多关于组合服务选取的研究。文献[8，38]的研究主要集中于质量驱动的服务选取。文献[8]使用了局部选取方法，使得绑定每个抽象服务的具体服务都是最优的，然而选取的结果无法保证满足全局 QoS 约束。因此，文献[38]进一步给出了利用 0-1 规划求全局最优解的方法。该方法使用聚合函数将 QoS 目标进行归一化处理，使之转化为一个目标函数，最终求出满足约束的情况下，使目标函数最大的解。文献[9]将组合服务选取问题建模为 0-1 背包问题，以及多约束下的最优路径问题。在 0-1 背包问题模型中，每个可选服务对应背包问题中的一个物品，服务的质量表示物品的重量。在有向图的最优路径模型中，每个可选服务的质量对应于一条边的权值，带权值的最小路径即为服务选取的最优解。在一些情况下，服务选取方法无法找到满足 QoS 约束的解。对于这种情况，文献[32]给出了一种基于协商的方法，以降低过于严格的 QoS 约束，最终选取出一个可行解。

随着互联网中出现的 Web 服务越来越多，按照上述方式进行服务选取需要消耗大量的时间。文献[30，39-40]已经证明服务选取问题是一个 NP 难的问题，并提出了基于遗传算法对服务选取问题进行求解。文献[41]改进了已有的蚁群算法，使之适应服务选取过程中发生的服务无效以及 QoS 变化等情况。为了减少服务选取算法在求解过程中搜索服务的次数，文献[42]提出了一种基于支配关系的服务剪枝算法。该算法减去了服务空间中 QoS 被其他服务支配的服务。文献[43]利用混合整数规划将全局 QoS 约束分解为每个任务单独负担的约束，分解的标准是每个任务单独负担的约束可以覆盖大多数的备选服务，最终使用分布式本地选取方法找到满足局部约束的最佳 Web 服务，这些 Web 服务组合在一起就形成了满足全局约束的可行解。

上述方法忽略了 Web 服务之间存在的关联关系，因此使用的 QoS 数据往往不准确。文献[43]给出了一个支持服务关联的 QoS 描述模型，该模型能够将服务关联关系转化为逻辑表达式。在服务选取的过程中，该文献进一步将逻辑表达式转化为数值表达式，从而将 QoS 关联关系融入 0-1 规划求解模型。文献[44, 45]将服务间的关联关系分为可组合关联、业务实体关联和统计关联，该研究给出了不同关联关系下的 QoS 计算模型，然而并没有说明不同的关联关系对 QoS 值的影响，因此难以应用于服务选取。文献[46]研究了某些服务一起调用时可以获得较高的 QoS，可选服务的质量依赖于其他的可选服务。同时该文献给出了服务间 QoS 关联关系的语义描述。文献[47]在考虑服务间关联关系的基础上，给出了基于关联服务支配关系的剪枝算法，减少了备选服务空间中服务的个数。在语义 Web 服务环境中，文献[48]指出，只有当一个服务的 Precondition 与另一个服务的 Postcondition 相匹配时，才能获得更好的 QoS，因而一个服务的 QoS 依赖于与其他服务条件的匹配程度。上述方法大都假定服务间的关联关系已经获得，或者服务间的关联关系已经被服务提供者声明。

另外，在实际中造成服务具有关联关系的原因较为复杂，因此难以准确分析出服务空间中哪些服务具有关联关系。日志记录了服务真实的执行状况，通过分析日志可以有效地得到在一起使用时具有较高 QoS 的服务，间接挖掘服务间的 QoS 关联关系。此外，很多不同的应用可以通过具有关联关系的服务实现相似的功能性需求，现有的研究大都忽略了如何将关联关系作为一种可重用的知识应用于其他具有类似功能的系统中。

2.3.2 多 SLA 感知的 Web 服务选取方法

在单 SLA 感知的组合服务选取方法中，一次只能为一个用户选取出组合服务执行实例。目前，针对多 SLA 的组合服务选取方法研究得比较少，然而随着"云计算"的兴起，部署在云环境下的组合服务系统需要为不同类别的用户服务，因此在为工作流选取需要绑定的服务时，不能仅仅考虑单个用户的 SLA，还需要同时考虑多类用户的 SLA 需求。

多 SLA 定义了不同类用户对工作流实例的不同 QoS 需求，文献[49，50]将对应于不同用户的组合服务同时编入一个染色体，每个具体服务实例的数量编入一个基因。通过重复地进行遗传操作(选择、复制、交叉变异)找到可行解。

以这种方式为不同类型的用户选取出能够提供不同 QoS 等级的多个工作流实例，每个工作流实例独占各自的具体服务实例。然而，服务空间中存在某些性能较高的服务，如果一些工作流实例独占了这些高性能的服务，可能使得服务空间中性能较差的服务难以满足其他等级的 SLA，造成无法为一些用户找到满足其 SLA 的可行解。另一方面，如果一些对吞吐量要求较小的请求独占了性能较高的服务实例，使得其他请求无法利用该服务实例的处理能力，造成对该服务实例处理能力的浪费。这类方法将具体服务视为不可再分的原子服务，具体服务只能为某个 SLA 对应的组合服务所独占，忽略了服务空间中某些具有较高性能的具体服务可以作为共享的资源进行服务选取，降低了资源的有效利用。

2.4　Web 服务挖掘技术

在服务计算领域，关于数据挖掘技术的应用已有一些研究。可以将数据挖掘技术在组合服务领域中的应用分为两类：一种是基于组合服务的执行实例挖掘出相关的组合模式的知识；另一种是基于组合服务的日志信息对 Web 服务的 QoS 信息进行预测。

① 文献[51]根据组合服务的执行信息，挖掘出经验式的、频繁的路径分支关联规则及服务执行顺序序列模式。文献[52]使用 Apriori 算法挖掘出在一起频繁执行经过多次验证的服务，并恢复了组合服务的控制流程结构，将这些知识作为一种可重用的组合模式。同时该文献还给出了一个判定模式相似度的算法。文献[53]给出了完备日志的概念，只有当一个组合服务的调用事件日志包含了并行节点的所有可能执行顺序，才能称为完备日志。该文献给出了一个基于统计的方法提取组合服务控制流程，恢复的控制流程可以用来改进或纠正组合服务流程模型的初始设计。文献[54]从服务事务数

据中挖掘出服务关联规则，进而发现两个服务集合之间具有的关联关系。

　　② 文献[55]提出了一种基于环境状态预测 Web 服务真实 QoS 的方法，该文献建立了服务处理的数据量、负载等信息与 QoS 之间的关联规则。利用关联规则预测出当前环境状态下服务的真实 QoS，并应用于组合服务选取中。文献[56]提出了一种基于协同过滤技术预测 Web 服务 QoS 信息的方法，并采用服务用户以往的使用经验进行服务推荐。文献[57]提出了一个基于组合服务控制结构建立的贝叶斯网络预测 Web 服务的信誉。

　　本书则利用数据挖掘技术提取出服务之间的关联模式，并将其应用于构建组合服务以及组合服务的优化选取中。

2.5　本章小结

　　本章分析了基于服务关联模式的优化选取所涉及的问题领域，并分别描述了 Web 服务、Web 服务组合技术、组合服务选取技术，以及 Web 服务挖掘技术等相关领域的研究现状，分析了其中所存在的问题，对比分析并引出了本书的研究内容，为后续研究工作的展开奠定基础。

第3章　服务关联模式的相关概念

在实际的场景中，很多服务之间具有 QoS 关联关系，导致某些任务（即抽象服务）之间也具有潜在的关联关系。因此，为某个任务选取关联服务时，需要考虑其他任务与服务间的绑定关系。同时很多不同的应用可以通过具有关联关系的服务实现相似的功能性需求。例如，"旅行者计划"与"安排会议行程"的组合服务中，都会使用预订机票与支付服务，选择与航空公司具有合作伙伴关系的银行支付机票时，可以获得打折优惠。交付一定功能的关联 Web 服务的集合可以被定义为一组服务关联模式。通常，一个服务关联模式包含了定义关联 Web 服务功能的抽象服务、抽象服务之间的控制流程结构，以及若干组具体执行的关联 Web 服务。

服务关联模式反映了领域专家根据本领域内的业务需求设计复杂工作流的知识。关联服务模式类似于软件工程领域中设计模式的概念（设计模式是一种解决某一类设计问题时反复用到的解决方案，该方案在其他类似应用中也同样适用[58]，同时记录设计模式可以有效地降低理解软件项目需要的时间成本[59]）。显然，在不同的面向服务的应用中重用关联服务模式，可以避免在已存在解决方案的问题上消耗大量的资源。

本章首先在研究动机部分通过实例详细地分析了问题的存在以及研究的必要性；其次，给出了服务关联模式的相关定义；再次，给出了服务关联模式的提取框架，简要叙述了提取服务关联模式的思路；最后，提出了一个服务关联模式的选取算法，选出了能够用于满足用户需求的服务关联模式，并给出了一个实例验证该算法。

3.1 研究动机

在实际中，普遍存在着某一个服务的 QoS 依赖于其他服务的场景，从而使得某些服务一起使用时质量较高。这类服务被称为具有 QoS 关联关系的服务。本书不仅仅抽取出具有 QoS 关联关系的服务，还恢复了这些服务之间的控制流程结构，并将服务间的关联关系映射到任务间的关联关系上。控制流程结构与关联任务分别代表着组合服务业务建模阶段领域专家的知识。以图 3.1 所示的"旅行者计划"组合服务为例说明这些问题。首先通过实例说明了服务提供者之间的业务联系、服务所处的外部物理环境等都可能造成服务间具有关联关系；然后，通过"安排会议行程"的组合服务能够重用"旅行者计划"组合服务的部分组件，说明很多不同的应用可以通过具有关联关系的服务实现相似的功能性需求，并引申出恢复控制流程结构与映射到任务间关联关系的动机。

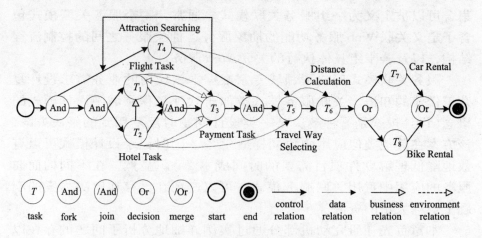

图 3.1 "旅行者计划"工作流

Fig. 3.1 "Travel Planner" workflow

（1）具有 QoS 关联关系的 Web 服务研究动机分析

首先，服务提供者之间的业务关系导致服务间的 QoS 存在互关联关系。机票预订任务（Flight Task）对应的航空公司提供的备选服务有{China Airlines，Southern Airlines}，支付任务（Payment Task）对应的银行服务为{Bank of Communications，Agricultural Bank}。现已知航空公司 China Airlines 与银行 Bank of Communications 具有合作关系，其开户行为 Bank of Communications。利用 Bank of Communications 提供的银行卡支付 China Airlines 的机票可以获得价格优惠。如果订购 China Airlines 的机票，同时选择 Agricultural Bank 提供的支付服务，就无法获得打折优惠。因此服务 China Airlines 的价格依赖于支付服务的选择结果。

其次，由于受到某些外部因素或者服务部署的物理环境的制约，从而使一些服务的 QoS 间存在互关联关系。若订宾馆的任务（Hotel Task）对应的备选服务为｛Hilton Hotels，Holiday Inn｝，若 Hilton Hotels 的开户行为 Bank of Communications，支付对象的开户行同样为 Bank of Communications，利用服务 < Hilton Hotels，Bank of Communications >完成预订宾馆以及支付任务，不会涉及到跨行转账。由于网络环境等因素，这种支付方式响应时间较快，操作可靠性较高。当支付对象的开户行不是 Bank of Communications 时，需要跨行转账，因此支付响应时间较慢，支付操作的可靠性较低。

经上述分析可知，服务提供者之间的业务联系造成了一个服务的质量依赖于另一些服务，同时某些外部因素以及服务所处的物理环境也是造成服务间质量互相关联的一个原因。质量互相关联的服务同时被调用，获得的质量优于发布的 QoS。而造成服务间质量互相关联的原因较多，从数据挖掘的角度出发，发现一起使用时质量较高的服务，具有一定的必要性。

（2）重用 QoS 关联服务的动机分析

在一个"安排会议行程"的应用中，用户需要根据某一个会议的地点、时间，在不超过预算的情况下选择合适的航班、预订宾馆，并且为之支付费用。该应用与"旅行者计划"组合服务的目的互不相同，然而它们之间也存在着一部分相同的功能。比如，"安排会议行程"的应用也会用到预订航班、宾馆并为之支付费用的服务，这些服务同样在"旅行者计划"中得到了使用。如果在"安排会议行程"的应用中重用"旅行者计划"中用到的 QoS 关联服务，那么该应用也能获得比较好的效果。

（3）提取控制流程结构与关联任务映射的动机分析

在组合业务建模阶段，业务流程分析人员负责依据特定用户群体的业务需求建立组合服务的业务模型。业务流程分析人员通常是对用户业务需求所处领域比较清楚的专家，能够从业务需求中分解出一系列业务活动，并建立这些活动之间的逻辑关系。业务活动及其关系就构成了组合服务的业务模型。然后，在组合服务建模阶段，组合服务设计人员则负责从 IT 层面对组合服务进行建模。组合服务设计人员通常为 IT 架构师，能够在组合服务业务模型的基础上，根据用户群的业务需求，进一步将业务模型中的各个业务活动转化为一个抽象服务或者一组抽象服务构成的流程，形成组合服务实现的 IT 架构，即组合服务组合模型。最后，则根据组合服务中抽象服务的描述，将具体服务绑定到抽象服务上，建立一个由当前可用服务构成的具体可执行组合服务。

因此，抽象服务流程是由业务领域的专家依据需求建立的组合服务的业务模型，它们展现了相关领域的专家知识。因此，在为某一领域的应用设计抽象服务工作流程时，也可以重用以往的设计知识，提高解决新问题的效率。比如，设计"安排会议行程"的应用时，预订航班、宾馆以及支付任务的需求就可以采用"旅行者计划"中能够实现这些功能的抽象服务进行描述，并采用"旅行者计划"中这些抽象服务所对应的控制流程结构。这样做就减少了设计"安排会议行程"组合服务的工作量，并提高了效率。

另一方面，提取了具有 QoS 关联关系的服务，并将具体服务间的关联关系映射到抽象服务间的关联关系上。这种"自顶向下"进行映射的目的，是使具有 QoS 关联关系的服务是关联抽象服务的唯一类型的候选服务（即非关联的服务不是关联抽象服务的候选服务）。关联抽象服务限制了绑定它们的具体服务的类型，即关联抽象服务只能被它们所对应的 QoS 关联候选服务绑定。因此，重用关联抽象服务就相当于在设计阶段引入了关联关系，进一步地保证了服务选取的质量。

根据上述分析，抽取具有 QoS 关联关系的服务是第一步，然后需要从日志中恢复关联服务的控制流程，最后将具体服务间的关联关系映射为抽象服务之间的关联关系。将这些步骤产生的结果组合为服务关联模式，它作为一套可重用的知识可以提高开发新应用的效率。由于挖掘得到的关联服务经过了频繁执行的验证，因此重用这些服务也能够获得比较好的效果。所以，如何提取服务关联模式并将其应用于组合服务是一个值得研究的问题。

3.2　服务关联模式的定义

本书提出了基于服务关联模式的组合服务选取方法。服务关联模式是其中的核心概念，同时也是服务选取过程中的基础步骤。服务关联模式包含了一组具有关联关系的抽象服务、施加于抽象服务的控制流程结构、关联抽象服务对应的具有 QoS 关联关系的 Web 服务。下面将给出服务关联模式相关的定义。

【定义 3.1】具有 QoS 关联关系的服务。存在一组服务 $cs = \{s_1, s_2, \cdots, s_k\}$，当这些服务一起使用时，存在某些服务 $cs' = \{s_a, s_{a+l}, \cdots, s_{a+j}\}$，$(cs' \subseteq cs)$。至少存在一个质量属性 q^u，cs' 中的服务在质量属性 q^u 上的值优于其默认的发布值。那么，cs 包含的服务之间具有 QoS 关联关系，服务 s_1，s_2，$\cdots$，s_k 称为具有 QoS 关联关系的服务，这些服务可以简称为关联服务。

根据定义 3.1，当 cs 包含的服务在一起执行时，cs' 包含的服务质量优于服务提供者发布的 QoS 值。例如，服务 {China Airlines, Bank of Communications} 在一起调用时，China Airlines 可以提供打折的机票。如果存在一个集合 $css = \{cs_1, cs_2, \cdots, cs_n\}$，任意两组关联服务 cs_i，$cs_j \in css$ 提供了相同的功能，那么 css 中的关联服务对应了一组抽象服务 $ct = \{t_1, t_2, \cdots, t_k\}$。

抽象服务是一种以"自顶向下"的方式发现服务并对服务进行组合的概念。由于每一个具有 QoS 关联关系的服务按照其所能实现的功能都对应一组抽象服务，这种情况造成了这些抽象服务之间也具有潜在的关联关系。然而，在服务选取阶段，并非所有的关联抽象服务都能够将关联服务作为其唯一的候选服务。

考虑图 3.2 给出的例子，存在两组抽象服务 $\{t_1, t_2\}$ 与 $\{t_3, t_4\}$，其中 $\{t_1, t_2\}$ 对应的具有 QoS 关联关系的服务为 $\{s_{11}, s_{22}\}$，$\{s_{12}, s_{22}\}$，$\{s_{13}, s_{24}\}$，$\{s_{15}, s_{23}\}$ 以及 $\{s_{15}, s_{24}\}$；$\{t_3, t_4\}$ 对应一组关联服务 $\{s_{32}, s_{42}\}$，其余的服务为互不关联的服务。同时图 3.2 给出了关联服务的价格以及非关联服务的价格(对于非关联服务来说，图中标出的价格是它们的价格之和)。假设为满足一个用户的需求，抽象服务 t_1 与 t_2 构成了一个顺序结构的工作流。该用户设定的价格约束为 25，那么 $\{t_1, t_2\}$ 对应的某些关联服务(例如，$\{s_{12}, s_{22}\}$ 与 $\{s_{15}, s_{24}\}$)

可以满足用户的约束。再假定为满足另一个用户的需求，抽象服务 t_3 与 t_4 也构成了一个顺序结构的工作流程。用户给定的价格约束设定为 29 时，$\{t_3, t_4\}$ 只对应一组关联服务，且这组关联服务提供的价格难以满足用户的需求。原因之一是质量互相关联的服务所能提供的 QoS 过于单一。另一方面，抽象服务 $\{t_3, t_4\}$ 对应的质量互相关联的服务比例较低，某些情况下难以与其他服务组合满足某些约束。因此，当关联服务数量较少时，抽象服务之间只是具有潜在的关联关系。

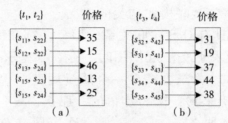

图3.2　具有潜在关联关系的抽象服务

Fig. 3. 2　Potentially correlated abstract services

基于上述分析，具有关联关系的抽象服务的定义如下。

【定义 3.2】具有关联关系的抽象服务。给定一组抽象服务 ct，ct 对应若干组具有 QoS 关联关系的服务。如果当 ct 对应的可选关联服务的数量达到一定程度时，那么 ct 包含的抽象服务具有关联关系。ct 称为一组具有关联关系的抽象服务，简称为关联抽象服务（也称为关联任务单元）。

给定一个集合 $cts = \{ct_1, ct_2, \cdots, ct_m\}$，其中 $ct_i (i \in \{1, 2, \cdots, m\})$ 是一组抽象服务，css_i 是其对应的若干关联服务的集合。需要从 cts 中提取出具有关联关系的抽象服务。根据定义 3.2，需要一种方法能够量化 css_i 中关联服务的数量，才能判断 ct_i 是否为关联抽象服务。设 F 是一种能够衡量关联服务数量的函数，再给定一个阈值 ξ，如果 $F(css_i) \geq \xi$，那么 ct_i 即为关联抽象服务。因此，函数 F 的实现在后续章节中给出。

一个组合服务的控制流程定义了基本服务间的执行逻辑关系，一般具有四种基本的控制结构：顺序、分支、并行、循环。控制流程模型是领域专家从业务需求中分解出一系列业务活动，并建立这些活动之间逻辑关系的业务知识。能够记录组合服务的控制流程结构，可以作为构建具有相似功能的组合服务流程的参考。设一个组合服务的控制流程结构为 cf，那么 cf_i 就表示施加于 ct_i 上的控制结构。那么，一个服务关联模式的定义如下。

【定义 3.3】服务关联模式。一个服务关联模式 $cpattern_i$ 由一组具有关联关系的抽象服务 ct_i、施加于关联抽象服务之间的控制流程结构 cf_i、ct_i 对应的关联服务的集合 css_i 组成，服务关联模式可以按照一个三元组的形式表示为：$cpattern_i = <ct_i,\ cf_i,\ css_i>$。

服务关联模式 $cpattern_i$ 包含的关联抽象服务 ct_i、施加于关联抽象服务之间的控制流程结构 cf_i 可以重用于构建具有相似功能的其他组合服务。最后，关联服务 css_i 作为 ct_i 的备选服务集进行服务选取。

3.3　服务关联模式的提取框架

在实际场景中，服务之间存在着质量关联关系。现有的方法面临着难以直接分析出具有 QoS 关联关系的服务，并且没有将关联关系作为一种可重用的知识应用于其他具有类似功能的系统中。为了解决这些问题，首先，基于以往的执行信息，间接地分析出关联服务；其次，基于组合服务调用事件日志，恢复出组合服务的控制流程结构；最后，提取出关联抽象服务。将这些经验知识记录为服务关联模式，并应用到组合服务中。围绕着这一思路，下面给出一个服务关联模式的提取框架，如图 3.3 所示。

组合服务系统的执行信息会记录到日志库中，通过分析与挖掘得到的服务关联模式可以重用于另一些面向服务的应用，同时这些应用的执行信息会再次被记录下来。因此，服务关联模式的提取是一个闭环的操作，随着日志量的不断积累，还需要重新挖掘、分析新增的日志。本节按照组合服务的执行信息、关联服务的挖掘、抽象服务的提取、控制结构的恢复简要说明服务关联模式的提取步骤。

（1）组合服务的执行信息日志

组合服务包含的具体服务分布在互联网环境下，如果分散地记录 Web 服务的执行情况，那么难以有效地利用执行日志获取有用的信息。很多范例都采用了集中式的执行环境（例如，Google App Engine），以降低成本以及管理软、硬件的复杂度。在这种执行方式下，组合服务执行引擎是服务组合系统的核心组件，它能够分派并执行选取的工作流实例[60]，并能够记录下执行引擎与原子服务交互

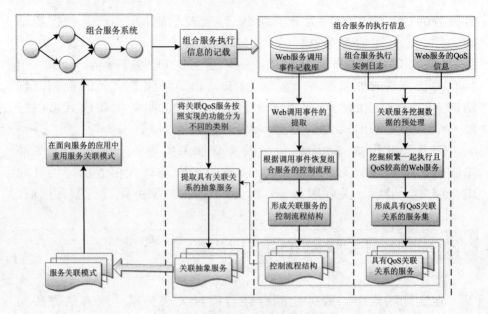

图 3.3　抽取服务关联模式的框架

Fig. 3.3　The framework of extracting service correlation patterns

的 SOAP 消息，以及来自于不同应用的执行实例[61]。本书也采用这种日志记载方式记录组合服务的执行信息。

在本书中，组合服务的执行信息分为三种类型：Web 服务调用事件记载库、组合服务执行实例日志、Web 服务的 QoS 信息。这些日志分别记载了 Web 服务执行的触发事件（例如，开始执行、结束执行等服务调用事件）、组合服务执行实例包含的具体服务的执行序列、Web 服务执行后的真实 QoS 信息。

通过执行序列日志可以挖掘到某些服务同时执行的频繁程度，而 Web 服务 QoS 信息日志库则记录了服务的真实执行状况（例如，服务的响应时间、与其他服务一起执行时用户为其支付的费用等）。通过分析服务在一起执行的频率，可以反映出这些服务在实际执行中得到验证的次数。日志库中记载的是 Web 服务执行后的真实 QoS 信息，因此这些信息比服务提供者发布的 QoS 信息更加准确[62]。从日志信息中提取具有 QoS 关联关系的服务具有一定的必要性。

在一个执行日志中，存在着不同类型的事件。例如，业务规则事件追踪了业务规则的运行状态，而服务调用事件则表示一个 Web 服务执行的时间。本书只用到了 Web 服务调用事件。以 IBM

WebSphere Process Server[63]记载的日志格式为例，说明服务调用事件在日志中的记载格式。< timestamp, id, shortName, eventType, className, methodName, textmessage > 为日志的记载格式。timestamp 是一个时间戳，记录了服务的调用时间；id 是一个根据线程的哈希码生成的十六进制数字，唯一地标识了一个实例；shortName 记录了组件的名称；eventType 表示一个事件的类型（即开始执行事件或结束执行事件）；className 表示类名；methodName 表示所使用的方法名；textmessage 表示文本消息。由于在 IBM WebSphere 中记录了实例开始执行与结束执行的时间、事件的类型，通过事件的类型可以判定该记录是否为调用事件，根据开始执行与结束执行的时间可以判定调用事件的开始与结束。

（2）挖掘具有 QoS 关联关系的服务的过程

这一步骤用到了组合服务的执行实例日志、Web 服务的 QoS 信息日志。在挖掘数据的预处理阶段，需要将 Web 服务的 QoS 信息与组合服务的执行实例对应在一起。在挖掘关联服务的阶段，搜索在一起频繁执行的服务时，还需要从服务的 QoS 信息日志中查找 Web 服务的 QoS 是否优于其发布的 QoS。最后，形成具有 QoS 关联关系的服务，并存入数据库中。

（3）控制流程结构的恢复过程

这一阶段用到了 Web 服务调用事件日志库，事件日志记载了一个 Web 服务开始调用与结束调用的时刻。提取出组合服务执行实例包含的每个 Web 服务的调用事件，并按照执行顺序将执行实例转化为事件图。事件图刻画了组合服务执行实例的调用顺序，进而推理出组合服务的控制流程结构。最后，保留施加于关联服务的控制流程片段。

（4）关联抽象服务的提取过程

将关联服务按照实现的功能可以分为不同的类，每一类关联服务对应一组抽象服务。通过衡量每一组抽象服务对应的关联服务的数量，将对应较多关联服务的抽象服务作为关联抽象服务。抽取出的关联抽象服务作为一个关联任务单元，其对应的关联服务作为它的备选服务。这一过程依赖于关联服务和控制流程结构的获取。

将具有关联关系的抽象服务及其对应的具有 QoS 关联关系的服务、施加于关联抽象服务的控制流程结构记录为服务关联模式。通过重用服务关联模式，可以构造出面向服务的应用，同时新应用的执行信息也会记载下来。由于服务环境是动态变化的(例如,服务提供者之间取消了业务合作、部署 Web 服务的物理机发生变化等),随着时间推移,以往挖掘的服务关联模式也会逐渐变得无效,因此需要定期地进行再次挖掘。

3.4 服务关联模式的选取方法

本节通过输入、输出参数的匹配,选出能够实现用户部分功能性需求的服务关联模式。选出的服务关联模式包含的关联抽象服务与控制流程结构将会作为组合服务工作流的一部分,为后续章节使用具有高质量的 QoS 关联服务进行服务选取打下基础。在 3.4.1 节中,给出了服务关联模式在组合服务中的应用过程;在 3.4.2 节中,给出了根据用户需求选取服务关联模式的方法;在 3.4.3 节中,给出了一个实例验证该算法。

3.4.1 服务关联模式应用于组合服务中的过程

基于以往的执行信息提取出的服务关联模式作为应用于组合服务的基础。当一个用户的请求到来时,就需要根据用户的请求综合应用服务关联模式。服务关联模式应用于组合服务的过程如图 3.4 所示。它的大致思路为:首先需要选取出能够完成或部分完成用户功能性需求的服务关联模式。选取出的服务关联模式中的关联抽象服务及其对应的控制结构流程可以用于构建组合服务工作流程。最后,为组合服务选取出能够满足端到端 QoS 约束的组合服务实例。提取服务关联模式的方法在 3.3 节进行了介绍,下面着重介绍在线的应用过程。

关联抽象服务表示一个服务关联模式能够实现的功能。在本书中,一个用户的功能性需求由两个部分组成:用户给定的输入和期望获得的输出。抽象服务是以输入、输出参数表示其所能提供的功能。如果一个关联抽象服务的输入、输出参数与用户给定的输入和期望获得的输出完全匹配,那么表示这一组关联抽象服务能够完成用户的请求。如果双方的输入、输出参数只能部分匹配,那么表示只有与其他抽象服务协作才能完成用户的请求。服务关联模式的选取算法需要找到以上两种服务关联模式。最终,选取出的服务关联模式可以用于构建组合服务工作流程。

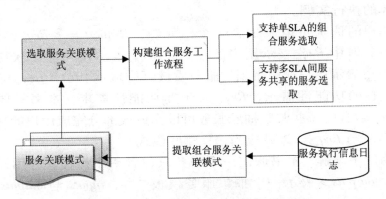

图 3.4　服务关联模式在组合服务中的应用

Fig. 3.4　Applied service correlation patterns to composite service

另外，需要选取适合的具体服务绑定构建的抽象服务工作流，以满足用户端到端的 QoS 约束。本书把选取方法分为单 SLA 感知和多 SLA 感知的组合服务选取方法。单 SLA 的选取方法只能为某一类用户提供一个工作流实例。然而，随着"云计算"的兴起，面向服务的应用需要同时为多类用户提供不同质量等级的服务。多 SLA 感知的组合服务选取方法可以为不同类型的用户选取出具有不同 QoS 等级的服务。通过提供两种不同的服务选取方法，为构建的组合服务工作流程选取出可执行的实例。

3.4.2　服务关联模式的选取算法

一组服务关联模式 $cpattern_i$ 可以形式化表述为三元组：$< ct_i,$ $cf_i, css_i >$，其中 ct_i 表示一组具有关联关系的抽象服务（也称为关联任务单元）；cf_i 是 ct_i 对应的控制流程结构；css_i 表示集合 $\{cs_{i1}, cs_{i2}, \cdots, cs_{ik}, \}$，其中 $cs_{ij} (1 \leqslant j \leqslant k)$ 表示一组具有 QoS 关联关系的服务。

由于一组关联任务单元对应一组关联模式，因此每组任务单元都可以形成一个关联模式。所有的关联模式可以形成一个关联模式的集合 $cpatterns = \{cpattern_1, cpattern_2, \cdots, cpattern_m\}$。假设抽取的关联抽象服务的集合为 cts_final，可知 $cpatterns$ 包含的关联抽象服务与集合 cts_final 包含的关联抽象服务具有等价关系，即 $\cup_{i \in cpatterns}$ $cpattern_i. ct_i = cts\_final$。如果 $cpatterns$ 包含的关联模式可以完成某一个应用的部分功能（或全部功能），将选择其中的一个关联模式实现这部分功能，并根据 QoS 需求选取关联模式包含的 QoS 关联服务作为具体的执行实例。

用户的请求可以表示为一个三元组：$Request = < Req_{in}$，Req_{out}，$Req_{qos} >$，其中 Req_{in} 表示用户的输入，Req_{out} 表示用户期望获得的输出，Req_{qos} 表示用户期望得到的服务质量（即 QoS 约束）。Req_{in} 与 Req_{out} 属于用户的功能性需求，Req_{qos} 属于非功能性需求。本书需要确定 cpatterns 包含的哪些关联抽象服务可以完成或部分完成用户的功能性需求 Req_{in} 与 Req_{out}，以及应当选择哪些模式。

为便于理解，本书假定一个服务只包含一个操作，并用元组 < inputs，outputs > 表示一个抽象服务模板[64,65]，inputs 与 outputs 分别定义了一个抽象服务模板的输入与输出参数。本书判定哪些服务关联模式能够用于完成用户需求的核心思想是：① 先从抽象服务模板集合与集合 cpatterns 中搜索出输出参数能够与 Req_{out} 相匹配的抽象服务或关联任务，这些抽象服务存入一个集合 Qset；② 再重新搜索一遍抽象服务模板集合与集合 cpatterns，找出能够驱动 Qset 执行的抽象服务，直到所有选出的抽象服务能够由 Req_{in} 驱动执行为止。第①条是找出能够得到用户期望的输出的抽象服务，第②条是找出能够由用户输入驱动执行的组合服务。

根据上述分析，在选择服务关联模式的过程中需要进行参数的匹配。一般地，操作之间的关系可以分为三种类型[66]：等价关系、完全匹配关系和部分匹配关系。如表 3.1 所示，如果抽象服务的输入、输出参数完全相同，那么二者具有相同的具体服务，也具有等价关系。如果抽象服务 t_1 的输出参数包含了抽象服务 t_2 的输入参数，则表明抽象服务 t_1 与 t_2 之间存在完全匹配的关系，即绑定 t_1 的服务可以独自驱动绑定 t_2 的具体服务（t_1 是驱动 t_2 的充分条件）。如果抽象服务 t_2 的输入参数包含了抽象服务 t_1 的输出参数，且 t_1 与 t_3，…，t_n 的输出参数的并集包含了 t_2 的输入参数，那么 t_1 与 t_2 之间存在部分匹配的关系（即 t_1 需要与 t_3，…，t_n 共同驱动 t_2）。因此，在判定关联模式是否能够用于构建组合服务流程时，不仅要考虑关联模式是否与 Req_{out} 具有等价或完全匹配关系，还应该考虑它们之间的部分匹配关系。同时，如果存在一些抽象服务模板能够匹配（或部分匹配）Req_{out}，也应该考虑服务关联模式是否能够与这些抽象服务模板匹配或部分匹配的情况。

表 3.1　参数匹配关系

Table 3.1　Matching relations of parameters

类　型	匹配关系的描述
等价关系	抽象服务 $t_1 < inputs_1$，$outputs_1 >$ 与 $t_2 < inputs_2$，$outputs_2 >$，如果 $inputs_1$ 与 $inputs_2$，$outputs_1$ 与 $outputs_2$ 分别等价，那么 t_1 与 t_2 具有等价关系
完全匹配关系	如果 $outputs_1 = inputs_2$，那么 $t_1 \rightarrow t_2$
部分匹配关系	存在抽象服务 t_1，t_2，如果 $outputs_1 = inputs_2$，且 $outputs_1 \cup outputs_3 \cup \cdots \cup outputs_n = inputs_2$，那么 $t_1 \cup t_3 \cup \cdots \cup t_n \rightarrow t_2$

　　在匹配操作中，某些参数具有相同的语义，通过比较参数概念的层级关系，计算输入、输出参数的语义相似度[67]。设 $inputs = \{in_1, in_2, \cdots, in_m\}$，$outputs = \{out_1, out_2, \cdots, out_n\}$，通过领域本体的语义树可以计算集合 $inputs$ 与 $outputs$ 的参数的相似度。例如，图 3.5 展示了文献[68]给出的汽车领域的语义树，每个节点之间的有向边连接着不同概念层次上的本体。在语义树中，如果一个概念 C_2 是 C_1 的直接后继节点，那么这两个概念之间的距离就为 1。所有的有向边都被作为一个向量空间，有向边的数量为向量空间的维度。那么，概念 C_1 与 C_2 的语义相似度可以使用式(3.1)计算：

$$\mathrm{Sim}(C_1, C_2) = 1 - \frac{d}{N} \tag{3.1}$$

其中，d 表示概念 C_1 与 C_2 之间的距离；N 表示向量空间中有向边的数量。例如，一个向量空间表示为：$<1, 1, 1, \cdots, 1>_{N \times 1}$，概念 C_1 与 C_2 之间的距离可以表示为：$\left| <\underbrace{1, 1, \cdots, 1}_{d}, 0, \cdots, 0> \right|_{N}$，$d$ 就是概念 C_1 与 C_2 之间有向边的最短距离。

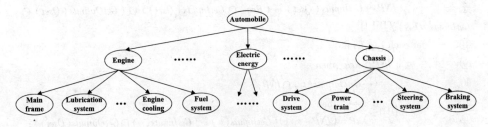

图 3.5　关于汽车的语义树

Fig. 3.5　An example of semantic tree about automobile

那么，对于集合 $inputs$ 与 $outputs$ 之间的参数 in_i，out_j，它们之间的相似度可以用 $\text{Sim}(in_i,\ out_j)$ 计算。在本书中，如果参数 in_i 与 out_j 属于同一个语义树的不同分支，那么它们之间的相似度记为 0。在匹配每一个参数时，如果两个参数 in_i，out_j 之间的语义相近，那么可以使用 out_j 驱动 in_i。具体的判定关联模式的算法在表 3.2 中给出。

在表 3.2 所示的算法中，集合 $Tems$ 表示抽象服务模板的集合，它不包含关联抽象服务集合 cts_final。函数 $GetInput(t)$ 和 $GetOutput(t)$ 分别返回了抽象服务 t 的输入与输出参数。本书设定 $Tems$ 包含的抽象服务模板与关联抽象服务集合 cts_final 的输入、输出参数互不相交。那么，对于任意的抽象服务 t_i 与 t_j，可知它们满足条件：$GetInputs(t_i) \cap GetInputs(t_j) = \varnothing$，$GetOutputs(t_i) \cap GetOutputs(t_j) = \varnothing$。

表 3.2　　　　　　　　选取服务关联模式的算法

Table 3.2　　　The algorithm of choosing service correlation patterns

Algorithm 1. Choose_CPatterns(Req_{in}, Req_{out}, $cpatterns$, $Tems$)

输入：Req_{in}：用户给出的输入；

　　　Req_{out}：用户期望获得的输出；

　　　$cpatterns$：服务关联模式集合；

　　　$Tems$：抽象服务模板。

输出：$Qset$：能够完成用户的部分或全部需求的关联模式集合。

① $\quad TS \leftarrow Tems \cup (\cup_{i \in cpatterns} cpattern_i.ct_i)$;

② $\quad$ for each $t_i \in TS$ do

③ $\qquad$ if $GetOutputs(t_i) \cap Req_{out} \neq \varnothing$ then

④ $\qquad\quad Q = Qset \cup t_i$;

⑤ $\qquad\quad TS = TS - Qset$;

⑥ $\quad$ if $GetOutputs(Qset) \supseteq Req_{out}$ then

⑦ $\qquad INP \leftarrow GetInputs(Qset) - (Req_{in} \cap GetInputs(Qset)) \cup (GetOutputs(Qset) \cap GetInputs(Qset))$;

⑧ $\qquad$ for each $t_i \in TS$ do

⑨ $\qquad\quad$ if $INP \not\subset Req_{in}$ then

⑩ $\qquad\qquad x \leftarrow GetOutputs(t_i) \cap INP$;

⑪ $\qquad\qquad$ if $x \neq \varnothing$ then

⑫ $\qquad\qquad\quad INP = (INP - x) \cup (GetInputs(t_i) - (GetInputs(t_i) \cap GetOutputs(Qset)))$;

⑬ $\qquad\qquad\quad Qset = Qset \cup t_i$;

⑭ $\qquad$ if $\exists\, t_i \in Qset$ and $t_i \in cts\_final$ then

⑮ $\qquad\quad$ return $Qset$;

表 3.2 所示算法的第一步是要找到集合 TS（TS 为集合 $Tems$ 与 $\cup_{i \in cpatterns} cpattern_i . ct_i$ 之间的并集）中能够与用户输出 Req_{out} 相匹配的抽象服务或服务关联模式，这一步的操作对应于表 3.2 的②～⑤。其中，操作 $GetOutputs(t_i) \cap Req_{out} \neq \varnothing$ 表示 t_i 的输出能够匹配 Req_{out} 包含的参数，这类抽象服务模板需要添加到 $Qset$。如果 $Qset$ 包含的抽象服务满足条件 $GetOutputs(Qset) \supseteq Req_{out}$，表明这些抽象服务模板的输出与 Req_{out} 之间是完全匹配关系。接下来需要找到能够驱动 $Qset$ 执行的抽象服务模板。

算法的第二步（⑥～⑬）需要找到输出参数能够与 $Qset$ 的输入参数完全匹配的抽象服务模板，直到 Req_{in} 的参数独自作为整个组合服务的输入即可驱动执行为止。在算法第 7 行中，操作 $Req_{in} \cap GetInputs(Qset)$ 与 $GetOutputs(Qset) \cap GetInputs(Qset)$ 分别表示 Req_{in} 能够为 $Qset$ 提供哪些输入、$Qset$ 包含的一些抽象服务的输出可以作为另一些服务的输入。因此，变量 INP 表示驱动 $Qset$ 中抽象服务的执行还需要哪些参数作为输入。通过继续搜索，把能够与 INP 部分匹配的抽象服务模板 t_i 存入集合 $Qset$，并更新 INP。这一步操作需要注意，t_i 本身也需要其他抽象服务的输入操作才能驱动执行。因此，如果 t_i 的某些输入参数无法与 $Qset$ 的输出参数和 Req_{in} 相匹配，这些参数也需要加入 INP。当满足条件 $INP \subset Req_{in}$，意味着用户的需求能够由 $Qset$ 中的抽象服务满足。最终只需检测哪些服务关联模式包含在集合 $Qset$ 中，即可确定应当选择哪些服务关联模式用于完成用户的需求。另一方面，抽象服务模板可以从服务空间中自动抽取，目前已经存在较多关于自动生成抽象服务的研究，具体可参考文献［69］。根据抽象服务模板构造组合服务流程可以参考文献［70］。

3.4.3 实例分析

本小节从实例分析的角度说明如何为另一个面向服务的应用选取关联任务单元。如果用户将参加一个会议，希望根据会议的名称查询开会的日期和会议地点，并基于这些信息预订机票和宾馆，而且希望收到预订成功的邮件通知以及机场到宾馆之间的距离，最后还要查询会议期间的当地天气状况。用户的请求设定为 $Req_{in} = \{ConferenceName, BankCard, EmailAddress, DepartureCity\}$，用户希望得到的输出为 $Req_{out} = \{ConferenceDate, ConferenceAddress, WeatherInfo, ConfirmationInfo, Distance\}$。假设从图 3.1 所示的"旅行者计划"组合服务的执行信息中提取的关联抽象服务为{Booking Hotels，Airlines，Payment}以及{CarRental，CarInsurance}，那么一些抽象服务模板如表3.3所示。

表3.3　　　　　　　　　　　　　抽象服务模板
Table 3.3　　　　　　　　Abstract service templates

抽象服务模板	输入参数	输出参数	缩略形式
Conference Information	ConferenceName	ConferenceDate，ConferenceCity	t_9
Weather Information	Date，DestinationCity	WeatherInformation	t_{10}
Send Email	EmailAdress，FlightNumber，HotelInfo，PaymentInfo，WeatherInfo	ConfirmationInfo	t_{11}
Distance Calculation	DestinationAddress，DepartureAddress	Distance	t_6
getGasStation	GeoCode	Map，GasStation	t_{12}
GetDiagnostic Process	Hospital	DiagnosticProcess，TimeDuration	t_7
{Booking Hotels，Airlines，Payment}	Date，DestinationAddress，BankCard，DepartureCity	FlightNumber，AirportAddress，HotelInfo，HotelAddress，PaymentInfo	{t_1，t_2，t_3}
{CarRental，Car Insurance}	UserIdentification，CarType，TravelDistance，InsurantInfo	InsurancePolicy，Receipt，RentalConfirmationInfo	{t_{13}，t_{14}}
getPredicting	Hospital	Investigating	t_{15}
getInformHospital	DiagnosedSymptoms，SelectedHospital，PatientArrivalDateTime	AcknowledgementResponse	t_{16}

首先需要找到能够满足用户输出的抽象服务模板，例如抽象服务 t_6，t_9，t_{10}，t_{11} 被添加到集合 $Qset$。剩余的抽象服务会添加到集合 $TS = \{t_7$，t_{12}，$\{t_1$，t_2，$t_3\}$，$\{t_{13}$，$t_{14}\}$，t_{15}，$t_{16}\}$，那么，$GetInputs$（$Qset$）＝{DestinationAddress，DepartureAddress，Date，City，ConferenceName，EmailAddress，FlightNumber，HotelInfo，PaymentInfo，WeatherInfo}，并且用户能够提供的输入是：{ConferenceName，EmailAddress，DepartureCity}。除了用户的输入及集合 $Qset$ 包含的输出参数，还需要一些输入参数以匹配 $GetInputs$（$Qset$），这些输入参数被添加到集合 $INP = \{$DestinationAddress，DepartureAddress，FlightNumber，HotelInfo，PaymentInfo$\}$。基于表3.3，抽象服务 t_7 的输出参数无法匹配 INP 中的任何参数，它表示 $GetOutputs$（t_7）$\cap INP = \varnothing$，同样的情况也适用于 t_{12}，$\{t_{13}$，$t_{14}\}$，t_{15}，

t_{16}。因为 $GetOutputs$（$\{t_1，t_2，t_3\}$）$\cap$ INP $=$ $\{$HotelAddress，AirportAddress，FlightNumber，HotelInfo，PaymentInfo$\}$ $\neq$ $\varnothing$，并且 $\{t_1，t_2，t_3\}$ 的输入参数能够部分匹配 $GetOutputs$（$Qset$），所以，INP 及 $Qset$ 被更新为 $\{$BankCard$\}$ 以及 $\{t_6，t_9，t_{10}，t_{11}，\{t_1，t_2，t_3\}\}$。至此 INP 满足条件：$INP \subseteq Req_{in}$（$\{$BankCard$\} \subseteq Req_{in}$），它意味着用户给定的输入参数能够完全匹配 $Qset$ 中抽象服务模板的输入。因此，在 $Qset$ 中的抽象服务模板能够完成用户的功能性需求。由 $Qset$ 中的抽象服务模板组成的"安排会议行程"工作流如图 3.6 所示。接下来，根据端到端的 QoS 约束选取出可执行的组合服务执行实例。在选取过程中，关联抽象服务的备选服务集是其对应的具有 QoS 关联关系的服务。

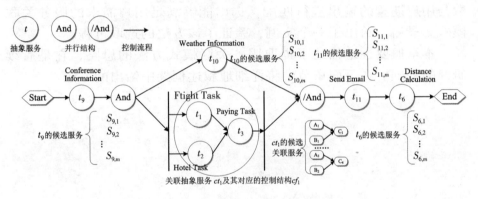

图 3.6 "安排会议行程"组合服务

Fig. 3.6 "Meeting travel plan" composite service

3.5 本章小结

本章首先给出了一个实际的场景，表明了服务提供者之间的业务关系、服务所处的外部环境造成很多服务之间具有 QoS 关联关系，使得这些服务在一起使用时具有较高的 QoS。同时，为了便于重用具有 QoS 关联关系的服务以及相关领域的业务专家的知识，还恢复了组合服务的控制流程，抽取了具有关联关系的抽象服务。具有关联关系的抽象服务及其对应的具有 QoS 关联关系的具体服务、抽象服务间的控制流程组成了服务关联模式。并将服务关联模式应用于单 SLA 与多 SLA 感知的组合服务选取方法。本章主要包含以下内容。

① 给出了本书的研究动机。通过具体实例详细分析了组合服务领域的关联场景、重用高质量服务的动机、恢复控制流程结构以及将关联关系抽象为更高层次的动机，并给出了与服务关联模式相关的定义。

② 描述了提取服务关联模式方法的思路。将提取关联模式的过程分为三个步骤：挖掘具有 QoS 关联关系的服务、从事件日志中恢复控制流程结构和提取具有关联关系的抽象服务，并说明了这三个步骤之间的联系。服务关联模式是本书后续章节中服务选取方法的基础。

③ 给出了选取能够满足用户功能性需求的服务关联模式的方法。该方法通过将抽象服务模板和服务关联模式中的输入、输出参数与用户期望的输出进行匹配，选出能够满足用户需求的服务关联模式。最后，给出了一个实例，验证了该方法的选取过程。

本章概要性地描述了提取服务关联模式方法的思路，它是后续研究的基础。在下面章节中将详细地叙述框架中给出的方法。

第4章 组合服务关联模式的提取算法

提取服务关联模式分为三个步骤，首先提取具有 QoS 关联关系的服务、恢复组合服务的控制流程结构、提取具有关联关系的抽象服务。具有关联关系的抽象服务及其对应的控制流程结构作为一种领域专家的知识，可以重新用于构建组合服务。具有 QoS 关联关系的服务则是关联抽象服务的候选服务，用于组合服务的选取，以满足用户端到端的 QoS 约束。

目前，支持服务关联的组合服务应用都假定关联关系已经存在，或者服务提供者在服务描述中声明了与之具有关联关系的服务。这一情况适用于某些服务提供者之间具有业务合作关系，服务提供者会对与之具有 QoS 关联关系的服务作出清晰的声明。然而，某些外部因素或者服务部署的物理环境的制约，使一些服务之间也存在关联关系。因此，造成服务间关联关系的原因较为复杂，难以直接分析出哪些服务具有关联关系，进而影响关联关系在组合服务中的应用。此外，很多方法对服务关联关系的应用只局限于建立关联 QoS 模型，以提高组合服务的质量。这些方法都没有将关联关系向上映射到与具体执行无关的抽象层，因此难以作为一种可重用的模式应用于其他组合服务。

为了解决上述问题，本章采用"黑盒"分析的方法，基于组合服务以往的执行信息，抽取出同时执行时效果比较好的服务作为具有 QoS 关联关系的服务。在实际的使用中，不同的组织可能使用不同的关联服务实现相同的功能。为便于重用关联服务，将服务间的关联关系抽象到与具体服务无关的更高层次，即提取具有关联关系的抽象服务。同时根据 Web 服务调用事件日志，恢复组合服务的控制流程结构。关联抽象服务及其对应的控制流程结构简化了构造组合服务工作流程的复杂度。

4.1　具有 QoS 关联关系的服务挖掘算法

本节主要讨论了从组合服务执行日志中挖掘具有 QoS 关联关系服务的算法。在 4.1.1 节中，给出了日志的基本结构；在 4.1.2 节中，给出了挖掘关联服务的算法。

4.1.1　日志的结构

在本书中，执行日志包括三个部分：① 记录了组合服务执行实例的日志（composite service execution log，简称 *csel*）；② 记录了 Web 服务执行时的 QoS 信息的日志（QoS information of executed Web services，简称 *qies*）；③ Web 服务调用事件记载日志（service invocation events of Web service execution，简称 *sies*）。其中，*csel* 可以表示为一个四元组：< AppID，InstanceID，Instance，Timestamp >。每个日志项的含义如下。

① AppID：唯一地标识了一个组合服务的应用；

② InstanceID：唯一地标识了一个组合服务的执行实例；

③ Instance：记录了一组具体服务的执行序列；

④ Timestamp：表示组合服务开始执行的时刻。

AppID 与 InstanceID 的区别在于，AppID 标识了一个面向服务的应用，这个应用可以被实例化为多个组合服务执行实例，每个组合服务执行实例由 InstanceID 标识。Instance 指定了一组执行实例序列，是日志 *csel* 中最重要的执行信息，用于分析 Web 服务在一起执行的频繁程度。

本书使用了三种常用的 Web 服务质量标准：价格、响应时间、可靠性[71]。SOAP 消息记录了消息类型（请求消息或响应消息）、消息发送的时间等，利用这些信息可以计算出 Web 服务调用过程的真实 QoS 值[72]。例如，文献[73]给出了一个 Web 日志记载引擎，该引擎记录的 SOAP 消息数据可以用一个六元组表示：< ProcessID，InstanceID，ServiceID，Type，Time，Status >。其中，ProcessID 表示业务流程号，它与日志 *csel* 中的 AppID 字段对应；InstanceID 唯一指定组合服务的一次执行；ServiceID 表示一个具体的服务，可以用三元组 < url，portType，operation > 表示，这些信息由 WSDL 文件获取；Type 表示消息的类型——应答或请求；Time 表示消息的请求或发送时间；Status 表示服务是否调用成功。由于 SOAP 消息日志项包含了每个服务请求消息的发送时间、响应消息的接收时间和消息的类型，因此，通过这些信息可以抽取出 Web 服务在执行过程中的真实 QoS 数据。本书从这些 SOAP 消息日志中抽取出响应时间与可靠性，这些指标的计算方式如下。

响应时间：用来评测服务完成请求的速度，是服务请求者感知到的 Web 服务响应一次请求所需要的时间。Web 服务 s 的响应时间 $q_{du}(s)$ 是指从某个客户端发送一个请求消息到接收到处理结果的时间间隔。由于发送消息的类型和时刻可以通过 SOAP 消息记录的 Type 与 Time 字段获得，因此响应时间可以使用式（4.1）衡量。

$$q_{du}(s) = t_{s\_recieve} - t_{s\_send} \tag{4.1}$$

$t_{s\_recieve}$ 和 t_{s_send} 分别表示服务请求者收到服务响应消息和发出服务请求消息的时刻。

可靠性：指 Web 服务在给定时间段 Δt 内正确响应服务请求的概率。所谓正确，是指在对收到的服务请求进行处理后，Web 服务发出的服务响应符合预先的功能需求。其计算方式可以按照式（4.2）衡量。

$$q_{rel}(s) = \frac{N_s}{M_s} \tag{4.2}$$

其中，N_s 和 M_s 分别表示在给定时间段 Δt 内，服务请求者接收到服务 s 正确响应的次数和请求服务 s 的总次数。

根据上述计算公式可以计算出 Web 服务的响应时间与可靠性。Web 服务 QoS 信息日志 $qies$ 的日志项可以用一个五元组表示为：< WSID，InsID，Time，Price，Status >，每个日志项的含义如下。

① WSID：可以唯一地标识一个服务；

② InsID：表示 WSID 指示的服务对应的组合服务执行实例，与 $csel$ 的 InstanceID 字段具有相同的含义；

③ Time：表示服务 WSID 在本次执行的响应时间；

④ Price：表示用户为服务 WSID 在本次执行所支付的价格；

⑤ Status：服务执行的状态，done 表示成功执行，fault 表示运行失败。该字段与 SOAP 消息日志的 Status 字段具有相同的含义。

图 4.1 给出了"旅行者计划"的部分执行实例日志以及相关服务的 QoS 信息。为便于叙述，本书简化了 Timestamp 字段，只保留

了年月日。图 4.1（a）展示的是日志 *csel* 中的部分数据，它们属于"旅行者计划"应用的不同执行实例。图 4.1（b）展示的是 Web 服务的 QoS 信息日志，它表示的含义是服务 WSID 在执行实例 InsID 中的价格、响应时间和执行状态。图 4.1（c）展示了这些具体服务的 QoS 发布值，这一部分展示的数据作为实例用于理解挖掘 QoS 关联服务方法的原理。

（a）*csel*

AppID	InstanceID	Instance	Timestamp
1	1	$A_1,B_1,C_1,D_1,D_1,E_2,F_3,H_1$	2013-12-08
1	2	$A_1,B_1,D_2,D_2,C_1,E_1,F_2,H_3$	2013-12-21
1	3	$B_1,D_3,A_1,D_3,C_1,D_3,E_1,F_1,H_2$	2014-01-05
1	4	$D_1,A_1,B_1,D_1,C_1,E_4,F_1,G_2$	2014-01-12
1	5	$D_4,B_1,D_4,D_4,A_1,C_1,E_3,F_2,G_1$	2014-02-23
1	6	$A_1,B_2,C_3,D_1,D_1,E_5,F_4,G_4$	2013-12-21
1	7	$B_2,D_5,A_1,C_3,D_5,E_1,F_6,G_2$	2014-01-11
1	8	$A_1,D_2,B_2,D_2,C_3,D_2,D_2,E_8,F_4,G_3$	2014-01-17
1	9	$D_3,B_2,D_3,A_1,C_3,E_2,F_6,H_2$	2014-02-10
1	10	$A_3,D_4,B_3,C_3,D_4,D_4,E_6,F_2,H_4$	2014-01-10
1	11	$A_2,D_2,D_2,B_3,D_2,D_2,C_3,E_5,F_5,H_3$	2014-01-27
1	12	$B_3,D_2,D_2,A_2,D_2,C_3,E_3,F_6,G_3$	2014-02-10
1	13	$D_4,B_3,A_2,D_4,D_4,C_3,D_4,E_3,F_3,H_2$	2014-02-20
1	14	$B_2,D_6,C_4,D_6,D_6,E_5,F_1,G_4$	2013-12-24
1	15	$D_6,A_3,D_6,D_6,B_2,C_4,D_6,E_2,F_1,G_3$	2014-01-02
1	16	$A_3,D_3,D_3,B_2,D_3,C_4,D_3,E_6,F_4,H_1$	2014-01-14
1	17	$D_4,B_2,D_4,A_3,D_4,C_4,E_4,F_2,H_3$	2014-02-12
1	18	$A_3,B_2,D_5,D_5,C_4,D_5,E_6,F_5,G_2$	2014-02-12
1	19	$A_4,B_1,D_6,D_6,C_2,D_6,E_4,F_2,H_1$	2013-12-03
1	20	$A_3,D_3,B_4,D_3,D_3,C_2,D_3,E_6,F_5,G_4$	2014-02-05

（b）*qies*

InsID	wsid	price($)	time(s)	status	InsID	wsid	price($)	time(s)	status
1	A_1	230	16	done	10	A_2	400	10	done
1	B_1	350	21	done	10	B_3	390	14	done
1	C_1	19	11	done	10	C_3	15	17	done
.....					.....				
2	A_1	230	12	done	11	A_2	400	14	done
2	B_1	350	23	done	11	B_3	390	15	done
2	C_1	19	14	done	11	C_3	15	16	done
.....					.....				
3	A_1	280	15	done	12	A_2	400	12	done
3	B_1	410	20	done	12	B_3	390	12	done
3	C_1	19	16	done	12	C_3	20	16	done
.....					.....				
4	A_1	280	12	done	13	A_2	400	15	done
4	B_1	410	22	done	13	B_3	390	16	done
4	C_1	25	15	done	13	C_3	20	14	done
.....					.....				
5	A_1	280	14	done	14	A_3	445	8	done
5	B_1	410	22	done	14	B_2	332	15	done
5	C_1	25	12	done	14	C_4	14	14	done
.....					.....				
6	A_1	320	17	done	15	A_3	445	10	done
6	B_2	210	20	done	15	B_2	332	12	done
6	C_3	20	16	done	15	C_4	14	14	done
.....					.....				
7	A_1	320	19	done	16	A_3	400	9	done
7	B_2	210	15	done	16	B_2	300	14	done
7	C_3	20	14	done	16	C_4	14	12	done
.....					.....				
8	A_1	320	15	done	17	A_3	400	14	done
8	B_2	210	20	done	17	B_2	300	14	done
8	C_3	20	16	done	17	C_4	14	12	done
.....					.....				
9	A_1	340	17	done	18	A_3	400	8	done
9	B_2	230	19	done	18	B_2	300	15	done
9	C_3	20	14	done	18	C_4	14	14	done
.....					.....				

（c）The QoS published by service providers

Web Services:	A_1	B_1	C_1	B_2	C_3	A_2	B_3	C_4	A_3
Default Price:	500	500	25	420	20	500	450	14	600
Published Response Time:	15	20	14	16	15	10	12	15	12
Published Reliability:	0.75	0.7	0.88	0.78	0.9	0.76	0.72	0.92	0.85

Remarks: A_i, B_i, C_i, D_i, E_i, F_i, G_i, H_i indicate the candidate services of tasks T_1, T_2, T_3, T_4, T_5, T_6, T_7, T_8 contained in "travel plan" workflow.

图 4.1 执行日志的实例

Fig. 4.1 Example of execution instance log

Web 服务调用事件展示了服务开始与终止执行的状态，以及与服务执行相关的时间[74]。因此，一个调用事件 Event 可以表示为一个四元组：< ProcessID，WSID，startTime，endTime >。其中，WSID 唯一标识了一个 Web 服务，ProcessID 指示了该 Web 服务在哪一个组合服务执行实例中执行（它与 *csel* 中的 InstanceID 字段具有相同的含义），WSID 与 ProcessID 共同指定了 Web 服务属于的执行流程；startTime 与 endTime 分别指示了 Web 服务开始执行的时间与结束执行的时间，它们共同构成了一个服务的调用事件。那么，Web 服务调用事件日志 sies 的每一个日志项是一个组合服务执行实例的事件调用流程，它可以表示为一个四元组：< ProcessID，begin，end，sequenceEvent >。其中，begin 与 end 分别标识了组合服务执行实例开始、终止的时间；squenceEvent 是一个 Event 的集合，标识了服务执行过程中调用的调用次序。例如，两个 Web 服务 A 与 B，它们包含在同一个组合服务执行实例中，且 $Event_A = < A$，$startTime_A$，$endTime_A >$，$Event_B = < B$，$startTime_B$，$endTime_B >$。日志 sies 的 squenceEvent 字段则是集合 $\{Event_A，Event_B\}$。在所有的事件日志项中，如果服务 A 与 B 满足条件：$endTime_A = startTime_B$，那么表示服务 B 在服务 A 完成执行后才开始执行；否则表示 B 的执行无须等到 A 执行的结束。

4.1.2　挖掘关联服务的算法

关联规则能够反映数据库中某些数据项的关联关系[75]。本书使用关联规则挖掘算法从组合服务执行实例中获取具有 QoS 关联关系的服务，使用的挖掘算法为 Apriori 算法[76]。在挖掘的过程中，不仅考虑了服务出现的频率，还考虑了服务在一起执行时的 QoS。

设 csel 包含的所有执行实例为 $iss = \{is_1，is_2，\cdots，is_m\}$，$is_j (1 \leqslant j \leqslant m)$ 表示一组执行实例。关联规则挖掘算法需要挖掘出服务实例集合，其中 $wss = < s_1，s_2，\cdots，s_k > (wss \subseteq is_j)$ 是其中的一组实例。wss 需要满足两个条件：① $\exists wss_l \subseteq wss$，$wss_l$ 包含的服务至少有一个质量属性的值优于它们的发布值；② $support(wss) \geqslant \min\_sup$，那么，wss 包含的服务就是具有 QoS 关联关系的服务。

$support(wss)$ 是 wss 在 iss 中出现的百分比；$\min\_sup$ 是支持度阈值，它的取值范围在 [0，1] 之间。条件①表示当某些服务与其他服务一起使用时，可以提供优于本身发布值的 QoS。条件②表示这些服务在实践中频繁地在一起使用，保证了这些服务在一起使用时 QoS 较高并非偶然现象。同时，由于这些服务在实际执行中得到多次验证，也反映出它们具有良好的执行效果。因此，本书应当提取频繁在一起执行的服务，同时其中某些服务的 QoS 优于它们的发布值。

由于 Web 服务是动态变化的，造成具体服务间具有 QoS 关联关系的条件也在变化。所以，运行时间比较早的执行实例对支持度的贡献应该较低，最近时间段内运行的实例对支持度的贡献较高。根据时间波动的支持度 $support(wss)$ 被定义为

$$support(wss) = \frac{\sum_{i=1}^{m} w_i}{N}, \quad w_k = \begin{cases} \dfrac{t_k - t_{min}}{t_{current} - t_{min}}, & t_k < \theta \\ 1, & t_k \geq \theta \end{cases} \qquad (4.3)$$

其中，$t_{current}$ 表示当前挖掘关联服务的时刻；t_k 表示日志中第 k 组执行实例的执行时间（与 $csel$ 中的 Timestamp 字段的值相对应）；t_{min} 表示日志 $csel$ 中最早的时刻；θ 表示某一个时刻，$t_k < \theta$ 表示这一组执行实例运行的时间在时刻 θ 之前，反之，表示执行实例在时刻 θ 之后运行；参数 w_k 是一个时间权重系数，它表示第 k 组执行实例在支持度计算过程中的贡献程度，它的取值范围为 [0，1]；m 表示 wss 在执行日志中出现的次数；N 表示执行日志中所有实例的个数。显然，最近执行的实例对关联规则的发现起到更大的作用。

如图 4.1 所示，如果把 θ 的值设为 "2014 - 01 - 05"，$t_{current}$ 设定为 "2014 - 03 - 01"，在 $csel$ 中最早的时间为 "2013 - 12 - 03"，服务集 $\{A_1，B_1，C_1\}$ 同时出现在 InstanceID 为 1 ~ 5 的执行实例中，那么，InstanceID 为 1 的执行实例包含的服务集 $\{A_1，B_1，C_1\}$ 对应的参数 w_1 的值为 0.08。挖掘关联服务的算法如表 4.1 所示。

以图 4.1 为例说明表 4.1 所示的挖掘算法。在此之前，设定 min _sup 的值为 0.2。为便于展示该方法的过程，将 θ 的值设定为 $csel$ 的最早时间（2013 - 12 - 03），此时 $csel$ 中每一组执行实例对应的时间权重系数的值都为 1。

函数 find_ frequent_QoS_itemsets 的含义是提取出至少有一个质量属性的值优于其发布值的服务。然后，计算这些服务的支持度，并使用阈值 min_sup 衡量这些服务的频繁程度。例如，在 $csel$ 中服务 A_1 的价格优于它对应的发布价格，这种情况在 $csel$ 中发生的频率为 9，因此 $support(A_1) = 0.45 > $ min_sup。反之，服务 C_3 在日志中的价格优于发布值的情况只出现一次，因此 C_3 不属于频繁项集。这一步的处理结果如图 4.2（a）所示，并将其存入集合 $itemset_1$。

表 4.1   关联服务的挖掘算法

Table 4.1   The mining algorithm for correlated services

Algorithm1. Mining_Correlations($csel$, $qies$, min_sup)

输入：$csel$：组合服务执行实例日志；

        $qies$：Web 服务的 QoS 信息日志；

        min_sup：最小支持度阈值。

输出：关联服务集合 qcs。

① $itemset_1 \leftarrow$ find_ frequent_QoS_itemsets($csel$, $qies$)；

② $sset_1 \leftarrow$ find_ frequent_one_itemsets($csel$)；

③ $itemset_2 \leftarrow$ merge($itemset_1$, $sset_1$)；

④   for $k = 3$；$itemset_{k-1} \neq \varnothing$；$k++$ do

⑤   delete the infrequent items from $itemset_{k-1}$；//删除非频繁项集

⑥ $qcs \leftarrow \cup_k itemset_k$；

procedureapriori_gen($itemset_{k-1}$)

①   for each $item_i \in itemset_{k-1}$ do

②   for each $item_j \in itemset_{k-1}$ do

③   if is_connect($item_i$, $item_j$) then//判定两个项集是否能够进行连接操作

④ $can \leftarrow item_i \infty item_j$//连接操作，产生候选项集

⑤   if is_ frequent(can, min_sup) then//判断 can 是否为频繁项集

⑥   add can into C_k；

procedure merge(set_1, set_2)

⑦   for each $item_i \in set_1$ do

⑧   for each $item_j \in set_2$ do

⑨   if $item_i$ and $item_j$ are not same itemset then

⑩ $set \leftarrow \{item_i, item_j\}$；

⑪   return set；

函数 find_ frequent_one_itemsets 的含义是提取在 $csel$ 中出现频率高于 min_sup 的单个服务（例如服务 A_1，A_3，B_2 等），所有的结果存入集合 $sset_1$。然后将 $sset_1$ 中包含的服务与 $itemset_1$ 包含的元素做连接操作，并删除重复出现的项（例如 $\{A_1, A_1\}$），以及在 $csel$ 中从来没有一起出现过的项（例如 $\{A_1, A_3\}$）。处理后的结果作为候选 2 项集，这一处理步骤由函数 merge 完成。最后，利用 min_sup 衡量候选 2 项集的频繁度，生成最终的频繁 2 项集 $itemset_2$。处理结果如图 4.2（b）所示。

最终通过频繁 k 项集 $itemset_k$ 产生频繁 $k+1$ 项集（$k > 2$）。将具

有 $k-1$ 个相同服务并且只有一个不同服务的频繁 k 项集进行连接操作，形成若干具有 $k+1$ 个服务的集合，每一个集合是一个候选 $k+1$ 项集。然后删除支持度小于 min_sup 的项，最终形成频繁 $k+1$ 项集 $itemset_{k+1}$。重复产生更大的候选项集，直到最终没有候选项集的支持度高于阈值 min_sup 为止。这一步的处理结果如图 4.2(c) 所示。

$itemset_1$	support
A_1	0.45
A_2	0.2
A_3	0.25
B_1	0.25
B_2	0.45
B_3	0.2

（a）

$sset_1$	support	$sset_1$	support
A_1	0.45	C_1	025
A_2	0.2	C_3	0.4
A_3	0.25	C_4	0.25
B_1	0.3	D_2	0.2
B_2	0.45	D_3	0.2
B_3	0.2		

$itemset_2$	support	$itemset_2$	support
A_1,B_1	0.25	A_2,B_3	0.2
B_1,C_1	0.25	B_3,C_3	0.2
A_1,C_1	0.25	A_2,C_3	0.2
A_1,B_2	0.25	A_3,B_2	0.25
B_2,C_3	0.2	B_2,C_4	0.25
A_1,C_3	0.2	A_3,C_4	0.25

（b）

$itemset_3$	support
A_1,B_1,C_1	0.25
A_1,B_2,C_3	0.2
A_2,B_3,C_4	0.2
A_3,B_2,C_4	0.2

（c）

图 4.2　挖掘 QoS 关联服务的过程

Fig. 4.2　Example of generating QoS Correlation services

最后保留拥有两个以上服务的频繁项集（即 $k \geq 2$），并将所有的频繁 k 项集（$k = \{2, 3, \cdots\}$）存入集合 $qcs = \{itemset_2, itemset_3, \cdots, itemset_k\}$。对于任意一组服务 $wss \in qcs$，那么 wss 包含的服务间具有 QoS 关联关系。如图 4.2 所示，$< A_1, B_1, C_1 > \in qcs$，那么服务 A_1，B_1 与 C_1 之间具有 QoS 关联关系。

另一方面，由于一个服务的响应时间波动比较大，因此考虑响应时间参数时，不能仅考虑实际运行的时间是否优于发布的时间，而应当判断实际的时间是否比发布的时间低某一个阈值。在 $qies$ 中，只记录了某个服务是否执行成功，在给定的时间段 Δt 内，通过计算服务的成功执行次数与执行次数的比值，求出服务在 Δt 内的可靠性。

4.2　恢复关联服务控制流程结构的方法

在本节中，将讨论如何从执行实例日志中恢复关联服务的控制流程。一个控制流程是一个以服务为节点、以边表示服务间次序关系的图。为了准确地提取控制流程，事件日志需要满足日志完备条件[77]。这些条件可以描述为：① 如果一个服务的执行直接依赖于另一个服务的终止，那么，第一个服务的事件必须直接伴随在第二个服务的相关事件之后的情景至少在日志中出现一次（即两个服务之间没有任何其他事件）；② 两个并行的服务必须在两组实例中互相以不同的顺序直接跟随，也就是每一个服务都可以在另一个服务完成前执行完毕。对于第② 个条件来说，两个并行服务的事件在日志 $sies$ 的 sequenceEvent 字段中没有任何的优先顺序。

表 4.2 给出了图 4.1 所示的若干组合服务执行实例的事件日志。在事件日志中，每一个服务的调用事件都由服务调用时间与执行结束时间组成。为便于叙述，以数字代表每个服务的时间，例如，<A_1，1，4>表示服务 A_1 调用的时间为 1，结束的时间为 4，数字 1 和 4 仅代表时间的先后次序，而非具体的时间点。

表 4.2　　　　　　"旅行者计划"组合服务执行实例的例子

Table 4.2　Example of execution instances for "travel planner" composite service

实例 ID	事件调用流程
1	{<A_1，1，3>，<B_1，2，4>，<C_1，4，6>，<D_1，2.5，4.5>，<D_1，4.5，6.5>，<D_1，6.5，8.5>，<E_2，8.5，9.5>，<F_3，9.5，10.5>，<H_1，10.5，11.5>}
2	{<B_1，1，3>，<A_1，2，4>，<D_3，2，4>，<D_3，4，6>，<C_1，4，6>，<D_3，6，8>，<E_1，8，9>，<F_3，9，10>，<H_2，10，11>}
3	{<D_1，1，3>，<A_1，2，4>，<B_1，3，5>，<D_1，3.5，5.5>，<C_1，5，7>，<E_4，7，8>，<F_1，8，9>，<G_2，9，10>}
4	{<D_4，1，3>，<B_1，2，4>，<D_4，3，5>，<D_4，5，7>，<A_1，3，5>，<C_1，5，7>，<E_3，7，8>，<F_2，8，9>，<G_1，9，10>}
5	{<A_2，1，3>，<D_2，2，4>，<D_2，4，6>，<B_3，3，5>，<D_2，6，8>，<D_2，8，10>，<C_3，5，7>，<E_5，10，11>，<F_5，11，12>，<H_3，12，13>}
6	{<B_3，1，3>，<A_2，3，5>，<D_4，2，4>，<C_3，5，7>，<D_4，4，6>，<D_4，6，8>，<E_6，8，9>，<F_2，9，10>，<H_4，10，11>}
7	{<A_2，1，3>，<B_3，2，4>，<D_2，5，7>，<D_2，7，9>，<C_3，4，6>，<E_3，9，10>，<F_6，10，11>，<G_3，11，12>}

为了更进一步说明表 4.2 中事件的调用流程，图 4.3 给出了实例 1，4，7 包含的每个服务的调用流程。图 4.3 的坐标轴是一个时间刻度轴，在时间轴的上方是一些执行实例包含服务的调用顺序。Start 与 End 分别表示服务开始执行的时间、服务结束执行的时间。

将服务的调用顺序分为两种：一是当前一个服务结束调用时，后一个服务才开始执行；二是当前一个服务尚未结束调用时，后一个服务也开始执行。如图 4.3 所示，在实例 1 中，服务 A_1 与服务 C_1 属于第一种情况，服务 A_1 与 D_1 属于第二种情况。

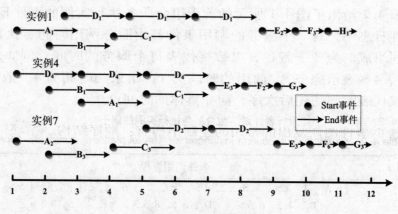

图 4.3　服务调用顺序

Fig. 4.3　Invocation sequence of Web service

为便于说明服务间的调用顺序，下面给出服务调用优先关系的定义。

【定义 4.1】优先关系。存在两个服务 A 与 B，当且仅当服务 B 在服务 A 终止执行后才立即开始执行，那么服务 A 优先于 B，记为 A *PR* B。

根据定义 4.1，两个服务 A 与 B 只有满足条件：① Start_B 事件（服务 B 的调用时间）在 End_A 事件（服务 A 的完成执行的时间）之后才发生；② 在 End_A 与 Start_B 之间，不存在任何其他服务能够开始或完成它的执行，才能称为 A *PR* B。优先关系也表示为一个从服务 A 到后继服务 B 的有向边（即 A→B）。

为了识别服务间的调用顺序关系，下面为每个执行实例构建一个事件图[78,79]，来说明事件之间的顺序。在这个图中，每个节点表示一个 Start 事件或 End 事件。以图 4.3 的实例 1 为例，给出了如图 4.4 所示的事件图。在事件图中，每个服务的 Start 事件或 End 事件都按照其发生的时间排列。在图 4.4 中，用实线表示具有优先次序的边（服务 A 的 End 事件→服务 B 的 Start 事件），用虚线表示一般时间顺序的边。在事件图中，从一个服务的 End 事件指向另一个服务的 Start 事件的边是一个具有优先关系的边，它表示两个服务之间的优先关系。例如，一条边为：$End\_B_1 \rightarrow Start\_C_1$，那么，这条边就表示了服务 B_1 与服务 C_1 之间的优先关系（即：服务 B_1 *PR* 服务 C_1）。

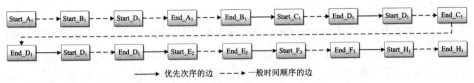

$\longrightarrow$ 优先次序的边　$\dashrightarrow$ 一般时间顺序的边

图 4.4　事件图

Fig. 4.4　Event graph

　　根据事件图恢复出的常用的控制结构有：顺序结构、循环结构、并行结构和分支结构。事件图中具有优先次序的边表示一种直接依赖关系，即只有前一个服务结束后一个服务才能够运行。当一个服务与其后继服务之间具有一条优先次序的边时，那么它们之间是顺序结构。如图 4.4 所示，由于 $End\_B_1 \rightarrow Start\_C_1$ 之间没有任何其他的事件，并且服务 B_1 的执行依赖于服务 C_1 的执行，所以服务 B_1 与服务 C_1 之间是一种顺序结构控制它们的执行。此外，还应当注意到在寻找顺序结构的时候，容易将分支结构归入顺序结构中。造成这种误差的原因是，在一次执行中只能有一个分支得到执行，而另一个无法执行。这种误差会在控制结构的合并过程中得到解决。

　　在并行结构中，多个执行路径能够并行地执行并且能够以任意的顺序调用，因此两个并行执行的服务没有确定的执行顺序。如图 4.4 所示，存在一条边 $Start\_A_1 \rightarrow Start\_B_1$，它表示服务 B_1 无须等待服务 A_1 的结果就可以开始执行。显然，这是一种并行关系。与其他服务具有并行关系的服务，它的执行和结束并不依赖与之处在同一个并行结构内的其他服务。然而，即使两个服务 A 与 B 是并行关系，它们也可能以顺序执行的方式出现在日志中（即 $Start\_B = End\_A$ 或 $Start\_A = End\_B$）。如果从事件日志的其他日志项中提取出服务 A 与 B 具有并行执行的特征，就需要放弃上述的错误信息，这一步依然可以在控制结构的合并过程中得到解决。因此，如果需要判定服务 A 与 B 是否为并行关系，A 与 B 在事件日志中必须存在条件：$Start\_B < End\_A$ 或 $Start\_A < End\_B$。

　　在一个存在循环结构的执行流程图中，某些服务会重复地在一个执行实例中出现。例如，图 4.3 的实例 1，服务 D_1 重复地出现在该实例中。在循环结构中，一次循环结束时，最后结束的服务会触发循环结构中第一个服务的执行。例如，在图 4.4 中存在事件：End _D_1→Start_D_1。因此，临近的两次循环也是由具有优先关系的边连接着。

处在不同分支结构中的服务无法出现在同一个执行实例内。如图 4.3 所示的实例 1，4，服务 H_1 与 G_1 分别需要在服务 F_3 与 F_2 执行结束后才能执行（F_3 与 F_2 是能够实现相同功能的不同服务）。同时，这些服务都属于同一个工作流的不同实例。在合并操作中，如果提供不同功能的服务 A 与 B 在不同执行实例中的前驱是同一类服务（即同一个抽象服务下的不同具体服务），那么，服务 A 与 B 由分支结构控制执行。提取控制流程结构的主要过程可以描述为：

① 将事件日志 *sies* 的 sequenceEvent 字段包含的事件序列按照调用时间与终止执行的时间转化为事件图。利用链表 $List = \{list_1, list_2, \cdots, list_m\}$ 存储每一个事件序列对应的事件图。对于每个 $list_i \in List$，可以从中发掘两类知识：一是由并行结构控制执行的服务；二是通过具有优先次序的边连接两组事件。通过判定链表 $list_i$ 中的事件是否满足条件 Start_B < End_A 或 Start_A < End_B（A 与 B 分别表示两个服务），可以提取出不同并行结构控制执行的服务。并存入集合 $Cset_i = \{cset_1, cset_2, \cdots, cset_n\}$，其中 $cset_1$，$cset_2$，$\cdots$，$cset_n$ 分别存储着处于不同并行结构控制的服务。将所有具有优先次序的边存入集合 $Prlist_i = \{prlist_1, prlist_2, \cdots, prlist_k\}$，其中每个元素只存一条边。如图 4.4 所示，$Prlist_1 = \{\{End\_B_1→Start\_C_1\}, \{End\_D_1→Start\_D_1\}, \{End\_D_1→Start\_D_1\}, \cdots\}$。使用符号 $\cup_{i=1}^{N} Cset_i$ 与 $\cup_{i=1}^{N} Prlist_i$ 分别表示从 *List* 列表中提取出的所有并行服务，以及具有优先次序的边。

② 通过合并 $\cup_{i=1}^{N} Cset_i$ 与 $\cup_{i=1}^{N} Prlist_i$ 包含的子集，最终得到不同并行结构下的服务，以及具有优先次序的边。例如，图 4.2 所示的实例 6，服务 B_3 与 A_2 满足条件：End_B_3 = Start_A_2，因此实例 6 对应的 $Prlist_6$ 就包含了优先次序的边 $\{End\_B_3→Start\_A_2\}$，然而根据实例 1 与 2，服务 A_1 与 B_1 的执行满足并行关系。由于服务 B_3 与 B_1，A_2 与 A_1 分别对应于同一个抽象服务，它们对应的工作流程片段应该是并行结构，所以需要从 $Prlist_6$ 中删除集合 $\{End\_B_3→Start\_A_2\}$。在合并的过程中需要以抽象服务作为标准，例如 A_2 与 A_1 虽然属于不同的具体服务，然而它们需要按照抽象服务合并。合并后的结果分别记为 *Cset* 与 *Prlist*。

③ 根据 $Prlist$ 包含的优先次序边，提取出工作流程中所有顺序执行的服务。首先，对于 $prlist_j \in Prlist$，需要判断 $prlist_j$ 是否能够与 $Prlist$ 包含的其他边进行连接操作。如图 4.5 所示，存在两条边：$End\_E_2 \rightarrow Start\_F_3$ 和 $End\_F_3 \rightarrow Start\_H_1$，由于 $Start\_F_3$，End_F_3 是作用在同一个服务 F_3 上的事件，因此它们可以连接在一起：$End\_E_2 \rightarrow Start\_F_3 \rightarrow End\_F_3 \rightarrow Start\_H_1$。然后对这些边两头的事件进行补全。将上面提到的边补全之后就变为：$Start\_E_2 \rightarrow End\_E_2 \rightarrow Start\_F_3 \rightarrow End\_F_3 \rightarrow Start\_H_1 \rightarrow End\_H_1$。把经过处理的各个优先次序边包含的事件转化为服务，例如，$Start\_E_2 \rightarrow End\_E_2$ 就转化为服务 E_2（如图 4.5 所示）。这一部分处理结果存入集合 $Slist = \{slist_1, slist_2, \cdots, slist_i\}$，其中，$slist_i$ 以链表的形式存储着一组分支顺序结构的服务（如图 4.5 所示，$A_1 \rightarrow C_1$）。

④ 合并所有的分支顺序结构。需要将 $Slist$ 包含的所有分支结构合并为一个组合服务控制流程，需要将 $slist_i$ 合并到 $Slist$ 包含的其他顺序结构中。设 s_{i1}，s_{iu} 分别是 $slist_i$ 包含的服务，且 s_{i1} 是链表 $slist_i$ 的头结点，s_{iu} 是链表 $slist_i$ 的尾结点。由于 $slist_i$ 是根据优先次序边补全得到的顺序结构，因此 s_{i1}，s_{iu} 一定是组合服务的头结点、尾结点，或者与其他服务具有并行关系的结点。如果它们是头结点与尾结点，那么无须进行处理。如果它们属于与其他服务具有并行关系的结点，那么，需要找到驱动 s_{i1} 执行的并行分支结点，以及 s_{iu} 执行完毕后并行控制结构结束的结点。根据 $Cset$ 集合，找到与 s_{i1}，s_{iu} 具有并行结构的服务集合，分别记为 $cset_1$，$cset_u$。再从事件列表 $List$ 中找到集合 $cset_1$ 包含的并行服务所共有的前驱结点。类似地，则需要为 $cset_u$ 包含的服务找到共有的后继结点。通过共有的结点将所有顺序结构的服务合并在一起。根据表 4.2 的实例 3 可知：$End\_C_1 = Start\_E_4$，因此图 4.5 中结点 C_1 应该与结点 E_2 相连接。

在提取组合服务控制结构的过程中，需要注意分支结构控制着某些服务的执行。在某些实例中可能存在不同的服务，同时这些实例都属于同一个组合服务。遇到这种情况时，这些服务就具有分支关系。例如，表 4.2 的实例 6 具有服务 H_4，而实例 7 具有服务 G_3，且 H_4 与 G_3 都属于不同的抽象服务。由于 H_4 与 G_3 的前驱服务都属于同一个抽象服务，因此，可知 H_4 与 G_3 属于同一个分支结构，且它们对应的抽象服务应该以分支的形式连接到具体服务 E_3 对应的抽象服务。此外，不同实例中由循环结构控制的服务的执行次数也不同。在合并的过程中，以执行次数最多的实例为准。最终恢复的控制流程结构是一种组合服务的执行逻辑，它与具体服务无关，因此，输出的结果可以直接使用抽象服务代替原有的具体服务。为了在实际中重用提取的控制流程，可以使用 BPEL 记录这些控制流程结构。

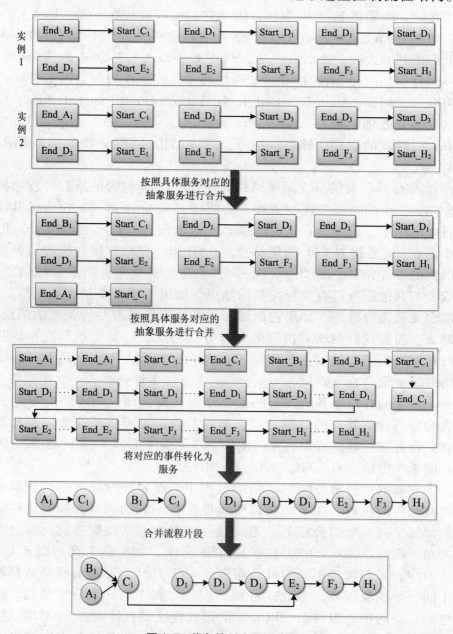

图 4.5　恢复控制流程的过程

Fig. 4.5　Recovering control flow

4.3 关联抽象服务的提取算法

本节主要讨论关联抽象服务的提取算法。在 4.3.1 节中，给出了一个比较直接的方式统计一组抽象服务对应的关联服务数量，并提取关联抽象服务；在 4.3.2 节中，则使用信息熵提取关联抽象服务。

4.3.1 利用数值统计提取关联抽象服务的方法

给定一组抽象服务 $\{t_1, \cdots, t_m\}$，其中 t_i 是集合中的第 i 个抽象服务，S_i 是抽象服务 t_i 的候选服务集合。CRS_i 是 S_i 中与其他服务具有关联关系的服务的集合，$CRS_i \subseteq S_i$。根据 3.2 节中的分析，需要一个能够衡量 $\{t_1, \cdots, t_m\}$ 对应的关联服务数量的函数 F，才能判定 $\{t_1, \cdots, t_m\}$ 是否为关联抽象服务。在此，先给出一个比较直观的方法实现函数 F。利用式（4.4）可以衡量出关联服务在候选服务集合中的比例。

$$F = \frac{\sum\limits_{i=1}^{m} cn_i}{\sum\limits_{i=1}^{m} n_i} \tag{4.4}$$

式中，cn_i 与 n_i 分别为集合 CRS_i 与 S_i 中元素的数量。其中 $\sum\limits_{i=1}^{m} cn_i$ 是计算抽象服务 $t_1, \cdots, t_m$ 对应的候选服务集合中包含的关联服务的数量，$\sum\limits_{i=1}^{m} n_i$ 是计算这些抽象服务对应的候选具体服务的数量。给定一个阈值 r^0，如果 $F \geqslant r^0$，即认为抽象服务 $t_1, \cdots, t_m$ 对应的关联服务的数量较多，那么，$t_1, \cdots, t_m$ 是一组具有关联关系的抽象服务。假设抽象服务 $\{t_1, t_2\}$ 只对应一组关联服务，那么式（4.4）的计算结果为 $(1+1)/(5+5) = 0.2$，把阈值设定为 0.45，那么抽象服务 t_1 与 t_2 就不具有关联关系。

由于在服务选取阶段，需要参考 QoS 参数。而上述方法直接衡量的是关联服务在候选服务集中占有的比例，难以衡量出关联服务提供的 QoS 范围。通常，候选服务提供的 QoS 范围越大，用户对组合服务的质量需求被满足的可能性越高[80]。因此，下面给出一个相对新颖的方法。其主要的思想是：为了衡量关联服务所能提供的 QoS 范围，将关联服务的 QoS 分割为不同的等级（一个等级代表一个 QoS 值的区间）。如果一个 QoS 值属于某一个区间，就表示这个 QoS 值能够映射到该区间所代表的质量等级。显然，一组抽象服务对应的关联服务所能提供的 QoS 等级越多，那么，它们的 QoS 范围也就越大。信息熵能够衡量信息的不确定性[81,82]，因此在新的方法中，使用信息熵衡量 QoS 等级的范围。信息熵越大，关联服务能够提供的 QoS 等级就越多。同时设定一个阈值，如果求得的结果高于该阈值，那么这一组抽象服务就是具有关联关系的抽象服务。

4.3.2　利用信息熵提取关联抽象服务的方法

根据 4.1 节，集合 qcs 包含着挖掘到的具有 QoS 关联关系的服务。这些服务按照实现功能的不同可分为若干部分。设所有具有潜在关联关系的抽象服务存在集合 cts 中。如图 4.2 所示，关联服务集 $\{A_1,B_1\}$，$\{B_2,C_3\}$，$\{A_1,C_3\}$ 和 $\{A_1,B_1,C_1\}$ 按照功能的不同分别对应于抽象服务 $\{t_1,t_2\}$，$\{t_2,t_3\}$，$\{t_1,t_3\}$ 和 $\{t_1,t_2,t_3\}$。在这个场景中，集合 $cts=\{\{t_1,t_2\},\{t_2,t_3\},\{t_1,t_3\},\{t_1,t_2,t_3\}\}$。

设一组抽象服务 $ct_i \in cts$，css_i 表示 ct_i 的关联服务集合（$css_i \subseteq qcs$）。在 css_i 中的第 j 组关联服务表示为 cs_{ij}（$cs_{ij} \in css_i$）。抽取关联抽象服务的问题就可以形式化地表示为：对于每一组具有潜在关联关系的抽象服务 $ct_i \in cts$，需要计算 css_i 所包含的关联服务提供的 QoS 等级的信息熵，直到找出集合 cts 所包含的所有关联抽象服务为止。

在计算信息熵之前，需要计算出 qcs 包含的关联服务的 QoS 值。对于任意一个服务 $s_k \in cs_{ij}$，s_k 的关联 QoS 可以表示为：$sv(s_k,q^u)=\{v \mid sel(ct_i)=cs_{ij}\}$。这个表达式的含义为：如果满足条件 $sel(ct_i)=cs_{ij}$，那么，服务 s_k 交付的质量属性 q^u 的值为 v。条件 $sel(ct_i)=cs_{ij}$ 表示的含义为：选取关联服务 cs_{ij}，绑定包含在集合 ct_i 中的抽象服务。由于 cs_{ij} 是一组具有关联关系的服务，因此 cs_{ij} 在质量属性 q^u 上的值等于 cs_{ij} 包含的所有服务在该质量属性上的聚合值。在计算聚合 QoS 的过程中，需要用到 4.2 节提出的关联服务的控制流程结构。此外，还需要对 qcs 中包含的关联服务的 QoS 划分等级，将在 4.3.2.1 节中给出划分等级的算法。

4.3.2.1　划分 QoS 等级的算法

这一步骤的目标是将 qcs 中包含的关联服务的 QoS 映射为一个质

量等级的集合：$qls^u = \{ql_1^u,\ ql_2^u,\ \cdots,\ ql_d^u\}$。其中，$u$ 表示质量属性 q^u；d 表示质量等级的数量；ql_v^u 表示 qcs 包含的关联服务在质量属性 q^u 上的某一个质量等级，同时也代表一个区间。集合 qls^u 中的元素满足不等式(4.5)。

$$Q_{\min}^u \leqslant ql_1^u \leqslant ql_2^u \leqslant \cdots \leqslant ql_d^u \leqslant Q_{\max}^u \qquad (4.5)$$

其中，$Q_{\min}^u$ 与 $Q_{\max}^u$ 分别表示 qcs 中的关联服务在质量属性 q^u 上的最大值与最小值。以服务的价格为例，给出一个价格等级的集合｛500，600，700，800，900｝。500 与 800 分别表示区间［0，500］以及（700，800］。因此，质量等级本质上是一组能够代表一个数值区间的整数值。下面使用一个简单有效的方法为 qcs 中的关联服务划分质量等级，具体算法如表 4.3 所示。

表 4.3　　　　　　　　　　划分 QoS 等级的算法

Table 4.3　　　　　　The algorithm of dividing QoS levels

Algorithm2. Divide_QoS_Levels(qcs, d, q^u)

输入：qcs：具有 QoS 关联关系的集合；

　　　d：需要划分的等级数量；

　　　q^u：当前考虑的 QoS 属性。

输出：QoS 等级集合 qls^u。

① 　initial(qls^u)；//初始化集合 qls^u

② 　for each $cs_{ij} \in qcs$ do

③ 　　　$QU[n] \leftarrow aggre(cs_{ij}, q^u)$；$n++$；//aggre($cs_{ij}$, q^u)表示的意思是 cs_{ij} 包含的服务在质量属性 q^u 上的聚合值

④ 　sort(QU, q^u)；//根据质量属性 q^u 对集合 QU 中的数据进行排序

⑤ 　$qls^u \leftarrow \max(QU)$；$a \leftarrow 0$；

⑥ 　$l \leftarrow QU.\text{length}/d$；

⑦ 　while $a < QU.\text{length} - l$ then

⑧ 　　　$levels[m] \leftarrow QU[a+l]$；

⑨ 　　　$a \leftarrow a + l$；$m++$；

⑩ 　for each $dat \in QU$ do

⑪ 　　　$m \leftarrow 0$；

⑫ 　　　while $dat > levels[m]$ then

⑬ 　　　　　$m++$；

⑭ 　　　$qls^u \leftarrow levels[m]$；

⑮ 　　　return qls^u；

根据表 4.3 所示的算法，可以划分出所有质量属性的等级。对不同的质量属性来说，唯一的不同点是算法第 4 行的排序操作。当质量属性 q^u 是价格与响应时间时，操作 sort(QU, q^u) 需要按照升序的方式对 QU 的值进行排序。当考虑的质量属性为可靠性时，需要按照降序的方式对 QU 的值进行排序。由于 cs_{ij} 是一组关联服务，它可以表示为 $cs_{ij} = \{s_1, s_2, \cdots, s_l\}$，从日志 csel，qies 中提取出服务 s_1, s_2, $\cdots$, s_l 在一起执行时的 QoS 信息。对于服务 s_k($s_k \in cs_{ij}$, $k \in \{1, 2, \cdots, l\}$)，将质量属性 q^u 对应的记录相加取平均作为 s_k 与 cs_{ij} 中其他服务一起执行时能够交付的质量值，即 $sv(s_k, q^u)$。当 q^u 代表可靠性时，$sv(s_k, q^u)$ 是所有可靠性记录相乘的平均值。那么，对于质量属性 q^u，关联服务集合 cs_{ij} 交付的值可以表示为 $sv(cs_{ij}, q^u)$ $= \sum_{k=1}^{l} sv(s_k, q^u)$，即将每个服务的 QoS 相加取平均（价格与响应时间可以相加取平均，而可靠性则需要相乘取平均），作为这些服务在一起执行时能够提供的关联 QoS。重复按照上述方式计算 QoS，直到 qcs 中所有的关联服务都计算完毕为止。本质上算法计算出了每个关联服务 cs_{ij} 在质量属性 q^u 上的聚合值，并对 QU 的值进行排序。然后，最大的值将会直接加入集合 qls^u 中。接着，集合 QU 被分割为 d 个子集。对于每个子集，选择每个子集的最大值作为一个 QoS 等级。代表每个等级的数值都存入集合 levels，在提取 QoS 等级的过程中，算法保留了重复的 QoS 值。最后，将集合 QU 的数值都转化为相应的 QoS 等级，存入集合 qls^u。转化的规则是：集合 QU 的数值小于等于它所对应的等级，并且等级值与该数值的距离最近。

由于集合 qls^u 作为 4.3.2.2 节方法的输入，因此它在提取关联抽象服务的方法中具有关键作用。在求出 qls^u 时，有两个关键问题需要进一步的讨论。首先，如何确定参数 d（即应该划分多少个质量等级）。对于这个问题，可以参考相似的系统，例如亚马逊、ebay 等。亚马逊或 ebay 为每一种商品提供了 5 个评价等级。在划分 QoS 等级时，也可以采用 5 个等级的划分形式。其次，如何确定每个质量等级对应的区间（即每个等级应该代表多大的取值范围）。可以采用表 4.3 的算法，按照均等的方式进行划分，这种做法对数据的分布要求比较高。另一种方式是考虑 Web 服务所处的领域。例如，某些服务是由航空公司或者提供住宿的宾馆提供的，由于机票的价格通常远高于购买图书所支付的价格，因此这类服务 QoS 等级的边界值要大于图书供应商提供的服务。然而，采用这种方式需要将 Web 服务划分为不同的业务领域，难以在实际中使用。因此本书采用了一个操作简便可行的方法。由于 Web 服务所处的环境不断变化，例如，某些服务供应商会更新他们所提供服务的质量。因此，这个算法也需要定期的运行，使 QoS 等级能够随着服务的演进而更新。

4.3.2.2　提取关联抽象服务的算法

本小节需要从集合 cts 中提取出具有关联关系的抽象服务。每一组抽象服务都对应若干组具有 QoS 关联关系的服务，它们存在集合 css_i。本小节提供的算法的思路是依据抽象服务集合 ct_i 对应的关联服务集合 css_i 所能提供的 QoS 等级，判定 ct_i 包含的抽象服务是否具有关联关系，直到判定完 cts 包含的所有的抽象服务集为止。具体的算法见表 4.4。

表 4.4　　　　　　　　　　提取关联抽象服务的算法

Table 4.4　　The algorithm of extracting correlated abstract services

---

Algorithm3. Extract_Correlated_Abs(qls^u , cts , q^u , $levels$)

输入：qls^u：qcs 包含的关联 QoS 服务的质量等级；

　　　cts：具有潜在关联关系的抽象服务集合；

　　　q^u：当前考虑的 QoS 属性；

　　　$levels$：划分的 QoS 等级。

输出：具有关联关系的抽象服务集合 cts_final。

① 　initial(cts_final)；

② 　for each $ct_i \in cts$ do

③ 　　　for each $cs_{ij} \in css_i$ do

④ 　　　　　$qlv_i^u \leftarrow$ quality_level(qls^u , $levels$, $sv(cs_{ij}, q^u)$)；//把关联服务集 cs_{ij} 对应的 QoS 等级存入集合 qlv_i^u

⑤ 　　　for each $ql_v^u \in qlv_i^u$ do

⑥ 　　　　　$p_{uv} \leftarrow$ compute_prob(ql_v^u , qlv_i^u)；//计算 ql_v^u 在 qlv_i^u 中的比例

⑦ 　　　　　$P_u \leftarrow p_{uv}$；

⑧ 　　　Info(qlv_i^u) $\leftarrow$ compute_info_entropy(P_u)；//计算信息熵

⑨ 　　　if $\sum_{u=1}^{3}$ Info(qlv_i^u) = min_info then

⑩ 　　　　　$cts\_final \leftarrow ct_i$；

⑪ 　return cts_final；

首先，抽象服务集合 ct_i 对应的关联服务集 css_i 在质量属性 q^u 上

的等级都存入集合 $qlv_i^u = \{ ql_1^u, ql_2^u, \cdots \}$。其中，$ql_v^u(v \in \{1, 2, 3, \cdots\})$ 是 css_i 中的某一个关联服务集 cs_{ij} 在质量属性 q^u 上的等级。在此需要注意一点，这里并没有删除其中的重复项。如图 4.6 所示，关联服务 $\{A_1, B_1, C_1\}$ 交付的价格为 667.4。以 4.3.2.1 节给出的等级为例，由于 $600 < 667.4 < 700$，因此 $\{A_1, B_1, C_1\}$ 对应的价格等级为 700。在算法的⑤~⑥，计算了 ql_v^u 在集合 qlv_i^u 中所占的比例。它可以按照式(4.6)计算。

$$P(ql_v^u) = \frac{M}{N} \tag{4.6}$$

其中，算法⑥的参数 p_{uv} 即为式(4.6)中的符号 $P(ql_v^u)$。M 与 N 分别是 ql_v^u 在集合 qlv_i^u 中的数量以及集合 qlv_i^u 包含元素的总数。通过式(4.7)可以计算出 qlv_i^u 的信息熵。

$$\text{Info}(qlv_i^u) = -\sum_{ql_v^u \in qlv_i^u} P(ql_v^u) \times \log_2 P(ql_v^u) \tag{4.7}$$

$\text{Info}(qlv_i^u)$ 就是集合 qlv_i^u 的信息熵，式(4.7)对应于表 4.4 所示算法的⑧。本书使用了以 2 为底的对数函数，因此信息熵以比特为单位。$\text{Info}(qlv_i^u)$ 也表示为了衡量 css_i 在质量属性 q^u 上的范围所需要的平均比特数。由于 $\text{Info}(qlv_i^u)$ 只是 css_i 在一个质量属性上的信息熵，因此使用 $\sum_{u=1}^{3} \text{Info}(qlv_i^u)$ 计算 css_i 包含的关联服务在所有 QoS 属性上的信息熵。显然，css_i 中的关联服务提供的 QoS 范围越大，这些服务在服务选取阶段就越能满足不同用户的非功能需求。给定一个阈值 min_info，如果 $\sum_{u=1}^{3} \text{Info}(qlv_i^u) \geqslant \text{min\_info}$，那么，集合 ct_i 包含的抽象服务就具有关联关系。重复上述步骤，直到 cts 中不存在其他抽象服务集合为止。

在图 4.6 中，抽象服务集 $ct_1 = \{t_1, t_2, t_3\}$，它对应的关联服务集合 $css_1 = \{\{A_1, B_1, C_1\}, \{A_1, B_2, C_3\}, \{A_2, B_3, C_3\}, \{A_3, B_2, C_4\}\}$。它们的价格被映射到相应的价格等级，$qlv_1^1 = \{700, 600, 900, 800\}$（假设 1 表示服务的价格属性）。那么，评估价格的信息熵 $\text{Info}(qlv_1^1) = -0.25 \times \log_2(0.25) \times 4$。

表 4.4 所示算法的输出是集合 cts_final，该集合包含着具有关联关系的抽象服务。由于挖掘到的关联服务可能存在一种情况：存在关联服务 $\{A_2, B_3\}$ 和 $\{A_2, B_3, C_3\}$，因此 cts 中存在两个抽象服务集合 $\{t_1, t_2\}$ 和 $\{t_1, t_2, t_3\}$。所以，集合 cts_final 也可能存在上述

情况。本书的保留策略为：存在两组关联抽象服务 ct_i，$ct_j \in cts\_final$，如果 $ct_j \subseteq ct_i$，那么保留 ct_i 并删除 ct_j。

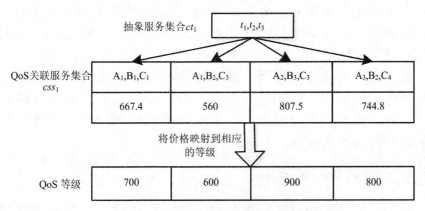

图 4.6 将相应的价格映射到对应的等级

Fig. 4.6 Mapping price to corresponding levels

4.4 实验分析

本节验证实验包括的内容有：验证时间波动下支持度的变化，以及挖掘出的关联服务数量的变化、恢复组合服务工作流程的准确度、QoS 等级的划分对关联抽象服务提取的影响。

4.4.1 实验的仿真策略

本实验运行的 PC 硬件配置为：Intel（R）Core i5 CPU 3.3GHz，4GRAM。本书采用图 3.1 所示的"旅行者计划"工作流程，首先针对该工作流程中包含的 8 个任务各生成一部分具体服务。选取的 QoS 参数为：响应时间、可靠性和价格。每个备选服务的 QoS 值在给定的区间内随机生成，比如价格为 50 ~ 100、可靠性为 50% ~ 95%、响应时间为 100 ~ 3500。

随机选择一定比例的具体服务（初始设定为 50%），作为支持关联 QoS 的服务。该服务生成两类 QoS：第一类为 CorrelatedQoS，只有当该服务和与之具有关联关系的服务一起调用时，才能够获得这类 QoS；第二类为 DefaultQoS，当该服务与互不依赖的服务一起调用时，才能够获得这类 QoS。生成 CorrelatedQoS 的方式为：设定服务之间的关联因子 $\lambda \in \{0.2，0.3，0.4\}$，$\lambda$ 代表每两个服务之间的 QoS 关联程度。如果 λ 的值为 0.3，它表示关联服务同时调用时，它们的价格在默认发布值的基础上减少 30%，可靠性提高 30%，响应时间也减少 30%。λ 的值可以通过随机的方式确定。

接下来，为该任务流程生成执行实例数据。组合服务执行实例数据的生成方式为：使用经典的 0-1 规划方法选取组合服务执行实例。此外，还根据组合服务中各节点所处的控制结构，生成每个服务的开始与结束的时间。

4.4.2 关联服务的挖掘结果

首先将执行日志的数量设定为 5000 与 10000，并将支持度阈值分别设定为 0.2 和 0.15，同时将服务间的关联比例分别设定为 50%，60%，70%，分别挖掘日志中包含的关联项。在挖掘过程中设定不同的时间权重，并验证时间权重对挖掘到的关联项数量的影响。在执行实例日志中，实例的最早执行时间设定为 2013 – 12 – 01，最晚的执行时间为 2014 – 05 – 31。在挖掘过程中，需要根据时间阈值计算执行实例的支持度。由于利用时刻表示阈值并不方便，本书将时刻转化为整型数值。2013 – 12 – 01 与 2014 – 05 – 31 之间相距 182 天，因此 2013 – 12 – 01 就可以表示为 1，2013 – 05 – 31 可以表示为 180。在表 4.5 与表 4.6 中，时间阈值也是按照整型数值给出的。当时间阈值设定为 1 时，表明在本次挖掘过程中没有考虑时间因素对支持度的影响。当阈值设定为 36 时，表明时间点 36 以前的执行实例，需要按照考虑时间的方式计算支持度。此时很多关联项的支持度计数都小于 1。

在表 4.5 中，基础实例设定为 5000 条，支持度阈值为 0.2。以此为基础，将关联服务的比例分别调整为 50%，60%，70%，确定关联比例后，再将时间阈值分别设定为 1，36，72 和 108。在本次实验中，挖掘 12 次，每次挖掘得到的关联项（每个关联项都包含 2 个以上的服务）如表 4.5 所示。在表 4.6 中，基础实例设定为 10000 条，支持度阈值为 0.15，按照同样的方式处理，可以得到相关的挖掘结果。由于在挖掘过程中考虑了时间因素，使执行时间比较远的服务对支持度的贡献较低。由表 4.5 和表 4.6 可知，随着时间阈值的提升，挖掘到的关联服务逐渐减少，表明挖掘过程中过滤了一些执行时间较早的服务。另外，随着日志量与关联服务比例的提高，关联项的数量也逐渐升高。在后续的实验中，将时间阈值设定为72，选择具有不同关联度的实例进行实验。

表 4.5　　　　　　　　　　实例数量为 5000 的挖掘结果表

Table 4.5　　　　　　　　The mining results from 5000 log items

实例的数量	支持度	时间阈值	关联项的数量	关联比例
5000	0.2	1	667	50%
		36	209	
		72	117	
		108	35	
		1	992	60%
		36	358	
		72	227	
		108	154	
		1	1260	70%
		36	523	
		72	394	
		108	167	

表 4.6　　　　　　　　　　实例数量为 10000 的挖掘结果

Table 4.6　　　　　　　　The mining results from 10000 log items

实例的数量	支持度	时间阈值	关联项的数量	关联比例
10000	0.15	1	1761	50%
		36	869	
		72	535	
		108	212	
		1	1969	60%
		36	902	
		72	628	
		108	305	
		1	2433	70%
		36	1360	
		72	815	
		108	369	

4.4.3　恢复控制流程的准确度

本节实验验证了从事件日志中恢复组合服务控制流程结构的准确度。将恢复的组合服务控制流程结构与原有的流程作比较，可以知道恢复出的控制结构与原有结构的相似度。这是因为，去除循环结构的组合服务的工作流程可以建模为一个有向图。同时，从日志中恢复出的任务之间的执行流程也是一个有向图的形式（循环结构在执行过程中已被展开）。

将完全相似的两个有向图定义为：$G_o = <V_o, E_o>$ 表示原有的控制流程结构，$G_r = <V_r, E_r>$ 表示已恢复的控制结构，如果 $\forall v_r^i, v_r^j \in V_r$，具有一条有向边 $e_r^{ij} = <v_r^i, v_r^j>$，那么，必然存在一对结点 $v_o^i, v_o^j \in V_o$，v_o^i 与 v_r^i、v_o^j 与 v_r^j 是相同的结点（即相同的抽象服务），且 e_r^{ij} 也是连接结点 v_o^i 与 v_o^j 的边。表 4.7 列举了若干组合服务工作流程，并按照 4.4.1 节的方式生成 10 组记录，每一组记录包含 100 个服务调用事件实例。

按照有向图形式比较原始工作流程与恢复的工作流程的相似度，对比出 10 组记录中恢复的控制流程的准确程度。图 4.7 给出了准确度对比结果，其中，ID 为 7 的组合服务代表"旅行者计划"组合服务。从图 4.7 中可以看出，以随机生成的实例为基础，本书方法恢复表 4.7 所示的工作流程的准确度较高（准确度在 80% 左右）。恢复"旅行者计划"组合服务控制流程的准确度相对较低，这是由于该组合服务的控制结构比较复杂。因此，"旅行者计划"组合服务难以获得完备的事件日志。

表4.7　　　　　　　　　组合服务工作流程

Table 4.7　　　　　　　Workflow of composite service

ID	组合服务的工作流程
	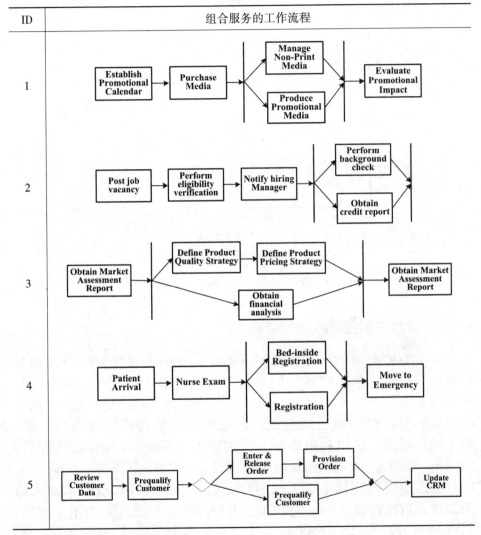

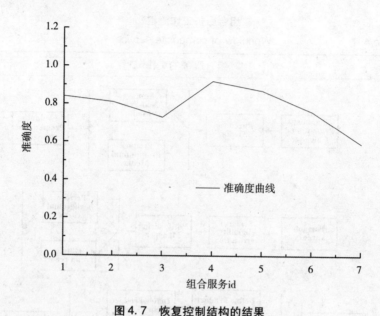

图 4.7　恢复控制结构的结果

Fig. 4.7　The results of recovering control flow

4.4.4　关联抽象服务的提取结果

在本节的实验中，首先为同一组任务下的关联服务的 QoS 划分等级，再以此为基础计算它们的信息熵。这里将可靠性、响应时间和价格分别划分为 5 个等级，每一个等级代表一段取值区间，某一个服务的 QoS 属于该区间就表示它能够为用户提供该等级的服务。对于响应时间、价格和可靠性，在实验中分别将区间的跨度设定为 500ms，＄20 和 10%，在划分的过程中，将同一组任务单元内的关联服务的 QoS 按照从小到大的顺序排列。响应时间和价格以最大值为基准，依次递减 500ms 与＄20，直到划分为 5 段区间为止。例如，响应时间的最大值为 3500ms，那么这 5 段区间可以表示为［3500，3000），［3000，2500），［2500，2000），［2000，1500）和［1500，0)。可靠性则是以 50% 为基准，依次递增 10%，直到划分为 5 段区间为止。例如，（0%，50%），［50%，60%），［60%，70%），［70%，80%）和［80%，100%]。所有的区间从左到右依次为等级 1～等级 5。当关联服务发生变化时，QoS 等级的划分同样需要重新确定。

表 4.8　　　　　　　　　　抽取关联抽象服务的结果

Table 4.8　　　　Results of extracting correlated abstract services

计算的基础	抽象服务单元	N	PL	P. D IE	TL	T. D IE	RL	R. D IE
<5000, 72, 50%>	< Flight Task, Paying Task >	33	3	<11, 13, 9>, 1.569	3	<7, 11, 15>, 1.519	2	<22, 11>, 0.918
	< Flight Task, Hotel Task >	31	3	<5, 20, 6>, 1.291	3	<9, 18, 4>, 1.354	3	<10, 16, 5>, 1.443
	< Paying Task, Hotel Task >	29	3	<7, 16, 6>, 1.438	3	<4, 23, 2>, 0.926	3	<8, 19, 2>, 1.179
	< Flight Task, Paying Task, Hotel Task >	21	3	<4, 10, 7>, 1.493	3	<6, 13, 2>, 1.268	2	<14, 7>, 0.918
	< Distance Calculation, Car Rental >	3	1	<3>, 0.0	1	<3>, 0.0	1	<3>, 0.0
<5000, 72, 70%>	< Flight Task, Paying Task >	87	4	<14, 20, 36, 17>, 1.899	4	<21, 17, 28, 21>, 1.976	4	<37, 18, 18, 14>, 1.888
	< Flight Task, Hotel Task >	109	4	<24, 14, 45, 26>, 1.881	4	<27, 22, 31, 29>, 1.989	4	<35, 30, 28, 16>, 1.949
	< Paying Task, Hotel Task >	114	4	<32, 40, 21, 21>, 1.943	4	<34, 25, 27, 28>, 1.991	4	<34, 17, 55, 8>, 1.943
	< Flight Task, Paying Task, Hotel Task >	77	4	<14, 15, 29, 19>, 1.935	4	<21, 18, 27, 11>, 1.932	4	<25, 18, 25, 9>, 1.906
	< Distance Calculation, Car Rental >	7	2	<3, 4>, 0.985	2	<1, 6>, 0.592	1	<7>, 0
<10000, 72, 60%>	< Flight Task, Paying Task >	151	5	<23, 32, 46, 29, 21>, 2.262	5	<34, 19, 46, 34, 18>, 2.232	5	<24, 35, 21, 32, 39>, 2.285
	< Flight Task, Hotel Task >	163	5	<29, 29, 48, 32, 25>, 2.28	5	<30, 31, 40, 40, 22>, 2.288	4	<31, 54, 49, 29>, 1.947
	< Paying Task, Hotel Task >	184	5	<34, 42, 53, 27, 28>, 2.273	5	<42, 32, 40, 34, 36>, 2.314	4	<52, 46, 64, 22>, 1.912
	< Flight Task, Paying Task, Hotel Task >	113	5	<19, 21, 38, 21, 14>, 2.236	5	<27, 9, 19, 35, 23>, 2.21	4	<28, 37, 29, 19>, 1.962
	< Distance Calculation, Car Rental >	17	2	<5, 12>, 0.873	2	<13, 4>, 0.786	2	<8, 9>, 0.998

部分结果如表4.8所示(这些结果已经能够验证基于信息熵提取关联任务的方法),其中 <5000, 72, 70% > 表示基础日志包含实例的数量为5000,设定的时间阈值为72,关联百分比为70%。N 表示一组抽象服务(在本书中一组抽象服务也称为任务单元)对应的关联项的数目,PL、TL、RL 分别表示划分的价格、响应时间和可靠性的等级(如果 PL 为 4,则表示划分了 4 个价格等级),P. D IE、T. D IE、R. D IE 分别表示价格等级、响应时间等级、可靠性等级下的信息熵,以及每个等级下关联服务个数的分布。

根据表4.8显示的内容,随着 QoS 等级的增加,关联任务单元对应的关联服务的信息熵也在增加。当某一组任务单元只有少数关联服务且它们的 QoS 等级比较少的情况下,其信息熵比较小。通过设定一个阈值可以过滤一些任务单元,它们只对应少数关联服务并且包含的 QoS 等级相对较少。此外,信息熵可以评估信息分布的状况,在表4.8中,在 QoS 等级相同的情况下,每个等级内的服务数目越平均,其信息熵的值越大。以表4.8第一行为例,当任务单元 < Flight Task, Paying Task > 对应的关联服务的价格被分为 3 个等级时,<11, 13, 9 > 就表示每个等级包含的关联服务的个数,1.569表示这种情况下的信息熵。例如,<7, 16, 6 > 对应的信息熵为1.438,当关联服务的分布为 <4, 23, 2 > 时,它们对应的信息熵为0.926。

设定信息熵的阈值为 3,那么当任务单元对应的关联服务的三类信息熵(价格、响应时间与可靠性)的和大于阈值时,则提取这些任务单元作为关联任务。提取的关联任务为:< Flight Task, Paying Task >,< Hotel Task, Paying Task >,< Flight Task, Hotel Task > 和 < Flight Task, Paying Task, Hotel Task >,由于前三组任务都是最后一组任务的子集,因此最终保留的结果为:< Flight Task, Paying Task, Hotel Task >。

4.5 本章小结

本章提出了一种基于执行信息的关联服务提取方法。同时,为了便于重用具有 QoS 关联关系的服务以及相关领域的业务专家的知识,还恢复了组合服务的控制流程、将服务的关联关系映射为抽象服务的关联关系。具有关联关系的抽象服务及其对应的具有 QoS 关联关系的具体服务、抽象服务间的控制流程结构组成了服务关联模式。本章主要包含以下内容：

① 通过组合服务执行实例日志与 Web 服务 QoS 日志，挖掘出在一起频繁执行且具有较高 QoS 的一组服务作为关联服务。这些服务在实践中被多次验证，并且在一起执行具有更好的效果。挖掘的具有 QoS 关联关系的服务是提取服务关联模式的第一步。

② 将事件日志按照 Web 服务调用事件的先后顺序转化为事件图。基于事件图恢复了组合服务的控制流程结构。这一方法的准确度依赖于事件日志是否完备。

③ 关联服务按照实现功能的不同，分为若干类，每一类对应一组抽象服务。然后，通过恢复的控制流程结构可以计算出每组关联服务的聚合 QoS 值。并将关联服务的聚合 QoS 值划分为不同的等级。通过衡量每组抽象服务对应的关联服务所能提供的 QoS 等级的范围，抽取出关联抽象服务。

抽取的服务关联模式是后续研究的基础。在下面的章节中将详细地给出使用关联模式对组合服务进行动态选取的方法。

第 5 章　基于服务关联模式的单 SLA
感知的组合服务选取方法

服务等级协议(SLA)定义了施加于组合服务的端到端 QoS 需求,它能够确保服务消费者获得其所支付的服务,并且迫使服务提供者完成服务的承诺。通常,在服务空间中某些具体服务能够提供相似的功能以及不同的 QoS,为了构建一个组合服务,需要选取满足 QoS 约束的具体服务,以满足用户的非功能需求。由于组合服务运行在一个高度动态的环境中,因此在实际的执行过程中,某些 Web 服务的 QoS 值可能会偏离预期[83-85]。为了避免 SLA 违约,需要重新为组合服务选取能够满足约束的具体服务。

本章主要研究的问题为:一是如何在关联关系出现的情况下进行组合服务的选取,以满足用户给定的 SLA;二是如何在发生异常的情况下进行组合服务的重选取。

本章给出方法的主要思路为:以服务关联模式包含的抽象服务作为一个任务单元,任务单元对应的具有 QoS 关联关系的服务作为一个组件服务,将组件服务作为任务单元的基本选取单位。一旦触发组合服务的重选取,需要重新确定任务与具体服务间的绑定关系。在重选取过程中,依然要考虑任务之间的关联关系,特别是已完成的任务与未完成的任务具有关联关系的情况。下面将对本章提出的基于关联模式的组合服务选取方法进行详细的描述。

5.1　基于关联模式组合服务的选取方法

在本节中,需要根据 QoS 为组合服务选取适合的具体服务。在5.1.1 节中,主要讨论了关联 QoS 模型(即关联服务的 QoS);5.1.2

节给出了关联情景下组合服务的选取模型。

5.1.1　关联服务的 QoS 模型

在 3.3 节中，判定了哪些关联模式可以用于完成用户的需求。因此，在一个组合服务流程中包含某些具有关联关系的抽象服务。在服务选取阶段，需要根据 QoS 为组合服务选取适当的 Web 服务，特别是需要利用关联服务绑定关联抽象服务。根据服务类型的不同，把 Web 服务的 QoS 分为两种类型：① 服务本身发布的 QoS；② 与关联服务一起调用时能够提供的 QoS。第一种 QoS 称为 DefaultQoS，它可以是服务提供者发布的默认 QoS，该 QoS 不依赖于任何其他服务；第二种 QoS 称为 CorrelatedQoS，该 QoS 依赖于与服务本身具有 QoS 关联关系的其他服务。例如，Web 服务 China Airlines 的关联 QoS 可以按照如下的方式进行描述：

China Airlines Price：

DefaultQoS hasCost ￥1600；

CorrelatedQoS hasCost ￥1000 *dependents Condition*：*selected* (*Payment*) = {Bank of Communications}.

上述语义表示服务 China Airlines 的默认价格为 ￥1600，当购买机票时，如果选择 Bank of Communications 绑定支付任务，可以获得 ￥1000 的折扣价。设 t 是服务关联模式 $cpattern_i$ 中的某一个抽象服务，即 $t \in ct_i$。具体服务 s 是抽象服务 t 对应的一个备选服务，且 s 是一个与其他服务 s_1，s_2，$\cdots$，s_u 具有 QoS 关联关系的服务。那么，服务 s 对应的质量属性 q^a 的值可以用式（5.1）表示。

$$sv(s, q^a) = \{(v_0, c_0), (v_1, c_1), (v_2, c_2), \cdots, (v_n, c_n)\}$$

$$(5.1)$$

其中，$v_u(u \in \{1, 2, \cdots, n\})$ 表示服务 s 满足条件 c_u 时，它在质量属性 q^a 上能够获得的值。显然，v_u 是服务 s 的 CorrelatedQoS。与之相反，v_0 是服务 s 的 DefaultQoS。用表达式 *selected*(t) = s 表示选择备选服务 s 绑定抽象服务 t。由于 CorrelatedQoS 是服务 s 和与其具有 QoS 关联关系的服务一起使用才能够获得的 QoS，因此，条件 c_u 可以表示为 *selected*(t_u) = $s_u \wedge$ *selected*(t_{u+1}) = $s_{u+1} \wedge \cdots \wedge$ *selected*(t_{u+k}) = s_{u+k}。其中，t_u，t_{u+1}，$\cdots$，t_{u+k} 表示与 t 具有关联关系的抽象服务，而 s_u，s_{u+1}，$\cdots$，s_{u+k} 则是与服务 s 具有 QoS 关联关系的服务，符号"$\wedge$"表示逻辑"与"操作。由于服务 s 不能为质量属性 q^a 同时提

供两个不同的值，因此在选取过程中只能满足某一个条件。表 5.1 给出了条件 c_u 的真值表。

表 5.1　　　　　　　　　　　　条件 c_u 的真值表

Table 5.1　　　　　　　　The truth table of condition c_u

条件 c_u	a_u	a_{u+1}	……	a_{u+k}
满足条件 c_u	1	1	1	1
不满足条件 c_u	Other case			

在表 5.1 中，$a_u = 1$ 表示表达式 $selected(t_u) = s_u$，$a_u = 0$ 表示表达式 $selected(t_u) \neq s_u$（抽象服务 t_u 没有绑定服务 s_u）。因此，只有当变量 a_u，a_{u+1}，…，a_{u+k} 的值都为 1 时，c_u 的值才能为"真"（逻辑"与"操作）。因此，条件 c_u 还可以表示为：$a_u = 1 \wedge a_{u+1} = 1 \wedge \cdots \wedge a_{u+k} = 1$，此时服务 s 的质量属性 q^a 的值为 v_u。

服务 s 的关联 QoS 是与 $\{s_1, s_2, \cdots, s_u\}$ 包含的服务一起调用时所能提供的 QoS，同时 CorrelatedQoS 也是服务 s 在执行过程中的实际 QoS。通过日志 $csel$，$qies$ 可以获得服务 s 与 $\{s_1, s_2, \cdots, s_u\}$ 包含的服务同时执行所能提供的真实 QoS，即服务 s 的 CorrelatedQoS。从日志提取 QoS 的方式为：在 $csel$ 中搜索服务 s 与 $\{s_1, s_2, \cdots, s_u\}$ 包含的服务一起执行的实例，根据 $csel$ 的 InstanceID 字段与 $qies$ 的 InsID 字段的映射关系，从 $qies$ 中搜索服务 s 与这些服务一起执行时的 QoS，并将其相加取平均（对于可靠性来说，需要相乘取平均）作为服务 s 的 CorrelatedQoS。

通过上述方法可以得到 $\{s, s_1, s_2, \cdots, s_u\}$ 包含的所有服务的 QoS。因此，任意一组关联服务的聚合 QoS，可以通过它在关联模式 $cpattern_i$ 中对应的控制结构 cf_i 计算得到。这种计算方式与组合服务的 QoS 聚合值的计算方式相同，这里不再赘述，详细内容可以参见文献[86]。

5.1.2　关联情境下的组合服务选取模型

完成用户请求的组合服务为 CS，它是由 m_1 个相互独立的抽象服务及 m_2 个关联模式所包含的关联抽象服务实现的。每组关联任务作为一个单元，关联模式包含的 QoS 关联服务作为该任务单元的备选服务。利用循环展开技术[87]将组合服务 CS 包含的循环控制结构转化为顺序结构。经过处理后，组合服务工作流程可以建模为有向图模型。

组合服务 CS 包含 P 个执行路径，每个执行路径不包含分支控制结构。选定的 QoS 参数为价格、响应时间和可靠性，因此一个服务 s_{uv}（u 表示抽象服务，v 表示抽象服务 u 下的某一个具体服务，同时，u 也可以表示一组关联抽象服务，v 表示关联抽象服务 u 下的某一组关联 Web 服务）的聚合值可以定义为：

$$F_{uv} = \sum_{\alpha=1}^{1} w_\alpha \times \left(\frac{q_{uv}^\alpha - \min q_u^\alpha}{\max q_u^\alpha - \min q_u^\alpha} \right) + \sum_{\beta=1}^{2} w_\beta \times \left(\frac{\max q_u^\beta - q_{uv}^\beta}{\max q_u^\beta - \min q_u^\beta} \right)$$

$$(5.2)$$

其中，α 表示积极（positive）的质量属性（对应可靠性）；β 表示消极（negative）的质量属性（对应响应时间和价格）；q_{uv}^α 表示服务 s_{uv} 的第 α 个质量属性的值；$\max q_u^\alpha$ 表示抽象服务（或关联抽象服务）下的所有备选服务中质量属性 q^α 的最大值；$\min q_u^\alpha$ 则表示最小值；w_α 与 w_β 分别表示不同质量属性的权值。执行路径 $p(p \in P)$ 的聚合函数可以表示为

$$score(EP_p) = \sum_{u=1}^{m_1^p} \sum_{v=1}^{t_u} F_{uv} \times x_{uv} + \sum_{i=1}^{m_2^p} \sum_{j=1}^{ct_i} F_{ij} \times \prod_{\mu \in U_{ij}} x_\mu, \quad x_{uv}, x_\mu \in \{0, 1\}$$

$$(5.3)$$

为了清晰地表示关联抽象服务与单个抽象服务的区别，将 u，v 分别固定为单个抽象服务 t_u 的标识以及 t_u 下的某一个备选服务，将 i，j 分别固定为关联抽象服务 ct_i 的标识以及 ct_i 下的某一组关联备选服务。因此，F_{uv}，F_{ij} 分别表示不同类型服务的聚合值，同时 m_1^p，m_2^p 分别表示路径 p 包含的单个任务与关联抽象服务的个数。符号 U_{ij} 表示关联服务 cs_{ij} 包含个体服务的标识的集合，μ 对应 cs_{ij} 的一个个体服务。由于关联服务需要整体绑定其对应的关联抽象服务，因此只有当所有的 $x_\mu(\mu \in U_{ij})$ 都为 1 时，才表示 cs_{ij} 绑定了关联抽象服务 ct_i。只有当 $\prod_{\mu \in U_{ij}} x_\mu = 1$ 时，才表示所有的 $x_\mu(\mu \in U_{ij})$ 都为 1，因此用 $\prod_{\mu \in U_{ij}} x_\mu$ 表达上述含义。EP_p 是执行路径 p 的执行计划，它可以表示为由参数 x_{uv} 及 x_μ 组成的特征向量。整个组合服务 CS 的聚合函数可以表示为

$$\max \sum_{p=1}^{P} freq_p \times score_p(EP_p)$$

$$(5.4)$$

其中，$freq_p$ 表示分支路径 p 的执行概率。在选取服务时，还需要满足用户设定的 QoS 约束 Req_{qos}。对质量属性 q^α 的约束如式（5.5）所示。

$$\sum\nolimits_{u=1}^{m_1}\sum\nolimits_{v=1}^{t_u}q_{uv}^{\alpha}\times x_{uv}+\sum\nolimits_{i=1}^{m_2}\sum\nolimits_{j=1}^{ct_i}q_{ij}^{\alpha}\times\prod\nolimits_{\mu\in U_{ij}}x_{\mu}\leqslant Q_c^{\alpha},\ Q_c^{\alpha}\in Req_{qos}\quad(5.5)$$

式(5.5)包含的参数与式(5.3)包含的参数意义相同，其中，Q_c^{α} 表示质量属性 q^{α} 对应的约束。然而，在式(5.3)、式(5.5)中都包含了乘数因子，为了使选取模型线性化，引入变量 $y_{ij}=\prod_{\mu\in U_{ij}}x_{\mu}$ 消除其中的乘数。同时引入不等式组(5.6)，它的取值与 $y_{ij}=\prod_{\mu\in U_{ij}}x_{\mu}$ 的取值具有等价关系。

$$\begin{cases}\sum\nolimits_{\mu\in U_{ij}}x_{\mu}-y_{ij}\leqslant|U_{ij}|-1\quad\quad(a)\\[2mm]\sum\nolimits_{\mu\in U_{ij}}x_{\mu}-|U_{ij}|\times y_{ij}\geqslant0\quad\quad(b)\\[2mm]y_{ij}\in\{0,1\}\end{cases}\quad(5.6)$$

对于等式 $y_{ij}=\prod_{\mu\in U_{ij}}x_{\mu}$ 与不等式组(5.6)具有等价关系的类似的证明已在文献[88]中给出。在此仅做简要的说明。

设 g 表示 U_{ij} 中取值为1的个数，① 当 y_{ij} 以及 $\cup_{\mu\in U_{ij}}x_{\mu}$ 的取值满足等式 $y_{ij}=\prod_{\mu\in U_{ij}}x_{\mu}$ 时，那么它们也都能满足不等式(5.6)。(1.1)当 $g=|U_{ij}|$ 时，则 $\forall\mu\in U_{ij}$，都有 $x_{\mu}=1$ 并且 $\sum_{\mu\in U_{ij}}x_{\mu}=|U_{ij}|$，因为 $y_{ij}=\prod_{\mu\in U_{ij}}x_{\mu}$，所以 $y_{ij}=1$，将 $y_{ij}=1$ 与 $\sum_{\mu\in U_{ij}}x_{\mu}=|U_{ij}|$ 代入不等式(5.6)，可知当 $g=|U_{ij}|$ 时不等式(5.6)成立；(1.2)当 $0\leqslant g<|U_{ij}|$ 时，则至少存在一个 $\mu\in U_{ij}$ 使 $x_{\mu}=0$，因此 $y_{ij}=0$，则 $\sum_{\mu\in U_{ij}}x_{\mu}-|U_{ij}|\times y_{ij}\geqslant0$。同时 $|U_{ij}|$ 至少比 g 大1，因此 $\sum_{\mu\in U_{ij}}x_{\mu}\leqslant|U_{ij}|-1$ 成立。最终不等式(5.6)也成立。所以当 y_{ij} 以及 $\cup_{\mu\in U_{ij}}x_{\mu}$ 的取值满足等式 $y_{ij}=\prod_{\mu\in U_{ij}}x_{\mu}$ 时，它们也都能满足不等式(5.6)。

② 接下来需要证明根据不等式(5.6)求出的 y_{ij} 及 $\cup_{\mu\in U_{ij}}x_{\mu}$ 的值，也能满足等式 $y_{ij}=\prod_{\mu\in U_{ij}}x_{\mu}$。(2.1)当 $g=|U_{ij}|$ 时，则 $\forall\mu\in U_{ij}$，都有 $x_{\mu}=1$ 并且 $\sum_{\mu\in U_{ij}}x_{\mu}=|U_{ij}|$，由不等式(5.6a)可知，$y_{ij}\geqslant1$，由不等式(5.6b)可知 $y_{ij}\leqslant1$，则 $y_{ij}=1$，因此 $y_{ij}=\prod_{\mu\in U_{ij}}x_{\mu}$；(2.2)当 $0\leqslant g<|U_{ij}|$ 时，则至少存在一个 $\mu\in U_{ij}$ 使 $x_{\mu}=0$，则 $\sum_{\mu\in U_{ij}}x_{\mu}=g$，所以不等式(5.6a)可以表示为 $y_{ij}\geqslant1+g-|U_{ij}|$。同时 $1-|U_{ij}|\leqslant1+g-|U_{ij}|<1$，因此 $1+g-|U_{ij}|$ 的取值范围是 $[1-|U_{ij}|,0]$。因为 $y_{ij}\geqslant1+g-|U_{ij}|$，所以 $y_{ij}\geqslant0$。不等式(5.6b)可以表示为 $y_{ij}\leqslant g/|U_{ij}|$，由

于 $g<|U_{ij}|$，所以 $g/|U_{ij}|<1$。因此可知 $y_{ij}<1$，由于 y_{ij} 只能取 0 或 1，所以 $y_{ij}=0$，满足不等式(5.6b)，此时 $y_{ij}\geq0$ 也能够满足不等式 (5.6a)。由于 $\prod_{\mu\in U_{ij}}x_{\mu}=0$，所以 $y_{ij}=\prod_{\mu\in U_{ij}}x_{\mu}$。最终根据不等式 (5.6)求出的 y_{ij} 以及 $\bigcup_{\mu\in U_{ij}}x_{\mu}$ 的取值能够满足等式 $y_{ij}=\prod_{\mu\in U_{ij}}x_{\mu}$。因此，等式 $y_{ij}=\prod_{\mu\in U_{ij}}x_{\mu}$ 与不等式组(5.6)具有等价关系。

5.2　关联情景下的组合服务重选取算法

在组合服务运行的过程中，初始选取出的最优计划需要根据 Web 服务的有效性与用户行为的变化而更新。例如，某个 Web 服务调用失败或者该服务的性能受到外部的影响波动较大等。这些变化都会触发组合服务的重选取。在发生异常状况时，组合服务中的某些服务已经执行完毕，另一些服务尚未执行。因此，需要重新根据当前的执行状态选取适当的服务绑定组合服务的剩余工作流程。图 5.1 给出了重选取的思路。

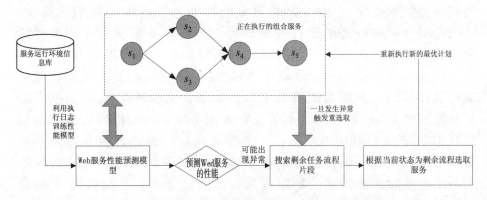

图 5.1　组合服务重选取的思路

Fig. 5.1　The process of composite service reselection method

由图 5.1 可知，通过执行日志可以训练出 Web 服务性能模型。当组合服务执行实例运行时，性能模型可以根据 Web 服务当前所处的环境状态预测出哪些服务可能出现异常。并根据预测的情况，搜索出需要重新绑定 Web 服务的剩余工作流程。一旦该服务发生异常，就可以直接根据当前的执行状态为剩余工作流程选取服务。因此，可以减少组合服务重选取的时间。

在 5.2.1 节中，给出了一个 Web 服务性能预测算法，根据当前的环境状态预测 Web 服务的性能是否会出现异常，一旦预测到某些 Web 服务出现异常，就需要确定组合服务的剩余流程；5.2.2 节讨论了这一部分的内容；在 5.2.3 节中，通过更新组合服务选取模型完成重选取。

5.2.1　Web 服务的性能预测算法

当前服务的响应时间超出了给定的阈值、Web 服务调用失败都会触发组合服务的重选取。一旦触发重选取之后，需要确定组合服务中尚未执行的任务流程片段，然后才能根据目前的执行状态选取 Web 服务。因此，组合服务重选取需要消耗较多的时间。本节通过给出一种 Web 服务性能的预测方法，尽可能根据当前的环境状态提前判断出 Web 服务的性能，减少组合服务重选取消耗的时间。

部署在互联网环境下的 Web 服务的性能对网络状态以及服务所在服务器的环境具有较大的依赖度[89]。显然，在服务器的不同负载状态下，Web 服务的性能具有较大的差别。此外，备选服务在不同的网络传输状态下，也对 Web 服务的性能具有很大的影响。通常，可以将组合服务所处的运行环境分为三类：Web 服务所在物理机的负荷状态、Web 服务所处的网络状态和服务本身的处理能力。

服务运行环境的记录依赖于 Web 服务环境监控器。在组合服务运行监控方面已有很多成果与工具，例如，文献[90]给出的组合服务监控框架 DISC 等。在本书中，Web 服务所在主机的环境状态由内存利用率与 CPU 利用率刻画；Web 服务所在网络的环境状态由吞吐量、带宽利用率刻画；服务的处理能力由服务调用时所处的时间段和请求响应时所需传输的数据量刻画。通过分析，下面给出 Web 服务执行环境日志的定义。

【定义 5.1】执行环境日志（Execution environment log, *evl*）。记录环境状态的日志可以用一个四元组表示：< service, host, network, data >。其中，service 表示某一个 Web 服务；host 表示 Web 服务所在主机的环境状态；network 表示 Web 服务所在网络的环境状态；data 表示服务调用时所处的时间段和请求响应时所需传输的数据量。

其中，host 是指潜在的影响服务性能的主机相关的环境因素。

它可以表示为二元组 < CPU，Mem >，其中 CPU 和 Mem 分别表示 CPU 和内存的利用率。network 指的是潜在影响备选服务执行质量的组合服务端到端的传输网络的环境因素。它也可以表示为一个二元组 < Throughput，Broadband >，Throughput 与 Broadband 分别表示吞吐量和宽带利用率。data 间接地刻画了一个 Web 服务能够处理的数据量。

通过日志 *evl* 的 service 字段与 QoS 信息日志 *qies* 的 serviceID 字段相对应，可以得到环境状态向量与服务响应时间的对应关系。合并后的特征向量表示为 V = < service，host，network，data，time >。在挖掘性能模型时，本节并不关注单独的数据点，而是关注代表一定特征的一个数据区间。例如，响应时间区间[30，50]与[51，60]分别可以代表响应时间的"低"和"高"。由于日志中记载的是连续型的数据，因此在 5.2.1.1 节将给出数据的离散化处理算法。

5.2.1.1　数据的离散化处理算法

通过聚类方法可以将一个属性的值划分为不同的组，因此可以使用聚类算法对某一个属性进行离散化处理。同时，由于聚类方法考虑了属性的分布及数据点在临近位置的分布，因此可以产生高质量的离散化结果。本节采用 K - 均值聚类算法[91]对执行环境日志中的属性及响应时间做离散化处理。将执行环境日志的每个属性划分为 3 段，响应时间也划分为 3 段，并用连续的正整数表示。划分形式如式(5.7)所示。

$$divide_{time}(r) = \begin{cases} 1 & r \in [\min(time), a] \\ 2 & r \in [a, b) \\ 3 & r \in [b, \max(time)] \end{cases} \qquad (5.7)$$

其中，$divide_{time}(r)$ 表示划分响应时间 *time* 中的记录 r，$\min(time)$ 与 $\max(time)$ 分别表示属性 *time* 中最小的记录值与最大的记录值。如果记录 r 的取值范围是[$\min(time)$，a]，那么记录 r 就会被离散化为 1，即数值 1 代表区间[$\min(time)$，a]。环境状态属性的划分形式与响应时间属性相同，唯一的不同点在于需要确定的边界值更多。

K - 均值算法是一种基于质心的聚类技术，并把质心定义为簇内数据的均值。设一个属性 $Attr \in V$，将属性 $Attr$ 对应数据集$\{r_1, r_2, \cdots, r_n\}$ 中的对象划分到 k 个簇 $D_1, D_2, \cdots, D_k$ 中(在本书中，$k = 3$)，且 $D_i \cap D_j \neq \varnothing (1 \leq i, j \leq k)$。首先，从属性 $Attr$ 中的数据随机选取 k 个数据点，作为初始的均值。然后，对剩余的数据点，根据它们与各个簇均值的距离，把它们归到最近的簇中。这里采用绝对距离公式衡量它们之间的距离：

$$d = |r_j - \overline{r_u}|, \quad u \in \{1, 2, \cdots, k\} \tag{5.8}$$

其中，r_j 表示属性 *Attr* 中的一个数据点；$\overline{r_u}$ 表示一个簇均值。当归入操作完成后，需要重新计算每一个簇的新均值，直到变化很小为止。还需要一个准则函数评判最终的结果是否收敛，公式如下：

$$E = \sum_{i=1}^{k} \sum_{p \in D_i} |r_p - avg_i|^2 \tag{5.9}$$

其中，E 为属性 *Attr* 包含数据的平方误差和；r_p 为 *Attr* 中的一个数据；avg_i 为簇 D_i 的均值。

表 5.2 给出了利用 K - 均值算法划分属性的过程。通过表 5.2 所示的算法，最终获得每个属性 *Attr* 对应记录的概念划分段。需要注意的是，本节在判断结果是否收敛时，使用了长度为 10 的数组 *ES*。每次得到新的簇时，准则函数的计算结果都会存入 *ES* 中。如果对于 $\forall i, j \in \{1, 2, \cdots, 10\}$，存在 $|ES[i] - ES[j]| \leq \theta$，那么就表示最近 10 次得到的簇对应的准则函数已经收敛。

表 5.2　　　　　　　　　　对属性分段的算法

Table 5.2　　　　　　　Algorithm for dividing the attribute

Algorithm4. Divide_Attribute(V, k)

输入：V：数据集的属性集合；

　　　k：数据划分的段数；

输出：$\{D_1, D_2, \cdots, D_k\}$。

① 　for each *Attr* $\in V$ do

② 　　　$avgs = \text{random\_select}(\text{record}(Attr))$；//从属性 *Attr* 中随机地选取 k 个数据作为初始簇中心

③ 　　　Initial(ES)；//*ES* 是一个长度为 10 的数组

④ 　　　while convergence(ES) = = true then//判断 *ES* 是否收敛

⑤ 　　　　　for each $r \in \text{record}(Attr)$ do

⑥ 　　　　　　　$\{D_1, D_2, \cdots, D_k\} \leftarrow \text{distance}(r, avgs)$；//计算数据点 r 与 *avgs* 中哪个值的距离最近，将其归入相应的簇 D_i 中

⑦ 　　　　　　　$ES \leftarrow \text{compute}(\{D_1, D_2, \cdots, D_k\})$；//根据式(5.9)计算出准则函数的值并存入 *ES*

⑧ 　　　　　　　$avgs = \text{average}(\{D_1, D_2, \cdots, D_k\})$；//计算每个簇的新均值

5.2.1.2　建立 Web 服务性能模型的算法

通过上面的算法对环境状态及其对应的响应时间进行了离散化处理。下面根据离散化处理的结果挖掘出 Web 服务的性能模型。由于决策树分类器不需要任何领域的知识或参数设置，适用于探测式知识的发现，且决策树分类器具有很好的准确率[81]。因此使用决策树建立 Web 服务的环境状态与性能的映射模型。该算法采用"自顶向下"递归的分治方式构造决策树。其主要思想为：根据训练元组以及相关的类标号开始，随着树的构建，训练集划分为较小的子集。

在决策树算法中，需要用到属性选择度量找到能够将元组最好地划分成不同类别的属性。通过选择出来的属性可以将 R 划分为不同的数据分区，因此属性选择度量相当于一种数据分裂准则。在理想状况下，落在每个分区的所有数据元组对应于相同的类（即应当使分区尽可能得纯），因此，应当选择最接近这种情况的属性作为分裂属性。通常，在这一过程中使用基于信息增益或基尼系数的属性选择度量方法。然而，使用基尼系数构造的结果树是二叉树，而基于信息增益的方法则允许多路划分[92]。由于本节将数据记录划分为 3 段，因此选择基于信息增益的方法进行属性选择。

设经过离散化处理后 Web 服务环境状态的数据集为 $R = <R_1, R_2, \cdots, R_m>$，其中 $R_i = <r_{i1}, r_{i2}, \cdots, r_{il}>^T$，$r_{ij}$ 是一个经过离散化处理后的数据记录，R_i 是属性 $Attr_i \in V$ 对应的数据记录的集合。设 $RC_i = (rc_{i1}, rc_{i2}, rc_{i3}, rc_{i4}, rc_{i5})$ 是数据集 R_i 经过离散化处理后的类标号。设 $T = <t_1, t_2, \cdots, t_l>$ 表示 Web 服务的响应时间记录，$TC = (tc_1, tc_2, tc_3)$ 是 T 经过离散化处理后的类标号。那么，对数据记录 $<R, T>$ 进行分类所需要的期望信息由式（5.10）给出。

$$\text{Info}(<R, T>) = -\sum_{tc_u \in TC} P(tc_u) \times \log_2[P(tc_u)] \qquad (5.10)$$

其中，$P(tc_u)$ 表示属于类别 tc_u 的元组的概率（$u \in \{1, 2, 3\}$）；Info（$<R, T>$）是识别 $<R, T>$ 所包含的响应时间的类标号所需要的平均信息量。

使用属性 $Attr_i \in V$ 对应的类标号对数据记录 $<R, T>$ 进行划分，其中属性 $Attr_i$ 具有 5 个不同的离散数值，即 $RC_i = (rc_{i1}, rc_{i2}, rc_{i3}, rc_{i4}, rc_{i5})$。根据属性 $Attr_i$ 的离散值 $rc_{i1}, rc_{i2}, rc_{i3}, rc_{i4}, rc_{i5}$，可以把数据记录 $<R, T>$ 划分为 5 个子集 $\{<R_1, T_1>, <R_2, T_2>, <R_3, T_3>, <R_4, T_4>, <R_5, T_5>\}$。其中，数据集 R_j（$j \in \{1,$

2，3，4，5}）中，属性 $Attr_i$ 对应的所有元组的值都为 rc_{ij}。这些划分在决策树中对应于以属性 $Attr_i$ 为节点时派生出的分支。由于经过一次划分，难以使分区只包含一种响应时间类别。因此，这些分区包含着不同的响应时间类别。在划分后，为了得到准确的分类，还需要一些信息量，可以用式（5.11）衡量。

$$\text{Info}_{Attr_i}(<R,\ T>) = \sum_{rc_{ij} \in RC_i} \frac{|<R_j,\ T_j>|}{|<R,\ T>|} \times \text{Info}(<R_j,\ T_j>)$$

（5.11）

其中，$|<R_j,\ T_j>|$ 是类别 rc_{ij} 对应的分区中元组的数量；$\text{Info}(<R_j,\ T_j>)$ 计算了数据集 $<R_j,\ T_j>$ 的信息熵；$\dfrac{|<R_j,\ T_j>|}{|<R,\ T>|}$ 是第 j 个分区的权值；$\text{Info}_{Attr_i}(<R,\ T>)$ 是基于属性 $Attr_i$ 对数据集 $<R,\ T>$ 进行划分时，能够准确对 T 进行分类所需要的期望信息量，显然，期望信息越少，分区的纯度越高。

信息增益是指原信息需求（基于原始数据集中 T 的类别比例）与新的信息需求（划分之后的类别比例）之间的差。它可以由式（5.12）计算：

$$Gain(Attr_i) = \text{Info}(<R,\ T>) - \text{Info}_{Attr_i}(<R,\ T>) \qquad (5.12)$$

选择具有最高信息增益 $Gain(Attr_i)$ 的属性 $Attr_i$ 作为节点的分裂属性。同时，也表示属性 $Attr_i$ 是能做最佳分类的属性，并能使完成分类所需要的信息最少。构建决策树的算法如表5.3所示。

表 5.3   决策树的构建算法

Table 5.3   Algorithm of establishing the decision tree

Algorithm5. Generate_decision_tree($<R, T>$, V)

输入: V: 数据集的属性集合;

　　　 $<R, T>$: 环境状态与响应时间数据集

输出: 决策树 $dtree$。

Class DTree{

　　String $node$;

　　HashMap $<$ Integer, DTree $> map =$ new HashMap $<$ Integer, DTree $>$( );

　　//该结构用于存储节点 node 的分支以及每个分支指向的节点

}

① 　DTree $dtree =$ new DTree( );

② 　if V is empty then

③ 　　　$dtree. node =$ "leafnode"; $dtree. map.$ add (majority(T), null); //将 dtree 节点设为叶节点, majority(T)返回 T 中具有的多数类标

④ 　if the types of T belong to the same class C then

⑤ 　　　$dtree. node =$ "leafnode"; $dtree. map.$ add (C, null);

⑥ 　$criteria\_attr \leftarrow$attribute_selection($<R, T>$, V); //通过信息增益找到最佳的分裂属性

⑦ 　$V \leftarrow V-criteria\_attr$; //从 V 中删除属性 $criteria\_attr$

⑧ 　$dtree. node \leftarrow criteria\_attr$; //标记当前的节点

⑨ 　Iterator $itr\_dtree =$ map. keySet( ). iterator( );

⑩ 　while $itr\_dtree.$ hasNext( )then

⑪ 　　　$category \leftarrow map.$ next( ); //获得节点 $dtree. node$ 包含的一个类别

⑫ 　$<R_j, T_j> \leftarrow$output_data($<R, T>$, $category$); //输出类别 $category$ 对应的数据集 $<R, T>$ 的划分 $<R_j, T_j>$

⑬ 　　　if $<R_j, T_j>$ is empty then

⑭ 　　　　　$dtree. node =$ "leafnode"; $dtree. map.$ add (majority(T_j), null); //把 $dtree$ 设置为叶节点

⑮ 　　　else

⑯ 　　　　　$dtree. map(category,$ Generate_decision_tree($<R_j, T_j>$, V)); //以分治的方式向下迭代产生决策子树

⑰ 　return $dtree$;

　　　根据表 5.3 所示的算法生成的决策树本质上是一个 Web 服务所在的执行环境与响应时间的映射。从根节点沿着决策树中的条直到叶子节点的路径表示的是分类规则。图 5.2 给出了决策树的一部分,图中最左侧的分支表示的含义为: If CPU = 1 and Broadband = 2 Then

Time = 2（CPU 是根节点，Broadband 是根节点的后继节点，Time 是叶子节点）。其中，每个正整数表示一个区间。

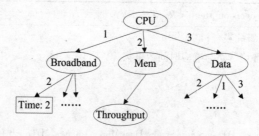

图 5.2 决策树

Fig. 5.2 An example of decision tree

当组合服务运行时，建立在每个抽象服务上的代理可以监测 Web 服务的运行状态以及所处的环境状态。通过建立决策树，可以根据某一时刻 t 采集到的环境状态，与决策树包含的规则进行匹配，预测出 Web 服务的响应时间大概所处的范围。在本书中，如果预测的响应时间 Time 值为 3（表明响应时间较长），那么，就需要提前准备重选取的后续步骤。

5.2.2 确定重选取的工作流程片段的算法

当触发重选取时，首先，需要确定尚未执行的工作流程片段（当预测出某一个 Web 服务可能出现异常时，可以提前计算组合服务的剩余工作流程。一旦 Web 服务的响应时间较长，就可以减少重选取消耗的时间）。在确定尚未执行的工作流程片段时，需要删除已经执行的节点、不可能再执行的分支结构以及更新当前状态下某些节点的循环次数。

组合服务的工作流程通常利用循环展开技术建模为有向图的形式。在该有向图中包含 3 种控制结构：顺序结构、并行结构、选择结构。在不同控制结构下，组合服务的剩余流程片段的保留方式也尽不相同。如图 5.3 所示，图中给出了不同控制结构下出现异常的服务，以及它们对组合服务尚未执行的工作流程片段的影响。图中的虚线表示需要重选取的组合服务流程片段。

图 5.3（a）中，出现异常的服务是 s_2，由于服务 s_1，s_2，s_3，s_4 之间是顺序关系，因此 s_2 的异常对后续服务造成了较大的影响。此时，重选取的工作流程片段包括了出现异常的服务 s_2 及其所有的后续服

务。图 5.3(b)与图 5.3(c)中，服务 s_2 与 s_3 分别属于分支关系与并行关系。然而，由于它们所属的控制结构与服务 s_1 之间是顺序结构，因此，一旦服务 s_1 发生异常，会直接影响后续服务的执行。这两种情况是图 5.3(a)的一种扩展。

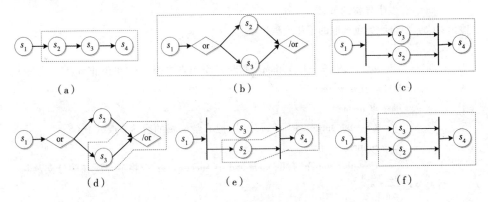

(a) (b) (c)

(d) (e) (f)

图 5.3　不同的控制结构

Fig. 5.3　Different control structures

图 5.3(d)中，服务 s_2 与 s_3 属于分支控制结构。在一次执行过程中，二者只能有一个服务得到执行。如果服务 s_3 在执行过程中发生异常，那么表示另一个包含服务 s_2 的分支已经不可能再执行。因此，需要重选取的组合服务流程片段是由异常服务以及该分支上所有服务 s_3 的后续服务组成的。

图 5.3(e)与(f)中，服务 s_2 与 s_3 属于并行控制结构。如果服务 s_2 发生异常，则有两种不同的重选取流程片段。在并行结构中，属于不同路径的服务之间互不影响对方的执行。在图 5.3(e)中，当服务 s_2 发生异常时，s_3 依然处于执行状态并且服务 s_3 所在路径上的服务都能够正常执行。那么，只需要对异常服务 s_2 以及该服务的后续服务进行重选取即可。在图 5.3(f)中，服务 s_2 发生异常时，服务 s_3 尚未执行。那么，需要对服务 s_2 与 s_3 所在的路径及它们的后续服务进行重选取。需要注意，当处于并行结构中的某一个服务发生异常时，它无法感知与之并行的路径上服务的执行状况。因此，需要跳到并行结构的最外层，并遍历并行结构的节点，最终确定并行结构中哪些节点需要进行重选取。基于上述分析，表 5.4 给出了确定重选取流程片段的算法。

表5.4　　　　　　　　　确定重选取工作流程片段

Table 5.4　　Algorithm for determining the slice to re-bind

Algorithm6. Determine_slice(CS, $enode$)

输入：CS：组合服务的工作流程；

　　　$enode$：发生异常的节点

输出：CS：组合服务重选取的工作流程片段。

① 　　$node \leftarrow enode$；

② 　　while is End($node$, CS) = = false then//判断 $node$ 节点是否为 CS 的终止节点

③ 　　　　switch type of $node$ then

④ 　　　　　　case sequence

⑤ 　　　　　　　　$CS \leftarrow$ the successors of $node$；//把节点 $node$ 的后继节点赋予 CS

⑥ 　　　　　　case branch

⑦ 　　　　　　　　$CS \leftarrow$ the branch of the $node$ and its successors；//将节点所在的分支及其后继节点都存入 CS

⑧ 　　　　　　case parallel

⑨ 　　　　　　　　$exter\_node \leftarrow$ get_external_node($node$, CS)；//获得 $node$ 节点所在并行结构的最外部节点

⑩ 　　　　　　　　$paths \leftarrow$ get_parallel_path($exter\_node$, $node$)；//获得 $exter\_node$ 对应的并行结构中不包括 $node$ 节点的所有其他路径

⑪ 　　　　　　　　for each $p \in paths$ do

⑫ 　　　　　　　　　　for each $pnode \in p$ do

⑬ 　　　　　　　　　　　　if $pnode$ is unexecuted then

⑭ 　　　　　　　　　　　　　　$CS \leftarrow pnode$；

⑮ 　　　　　　　　　　$CS \leftarrow$ the successors of $node$；

⑯ 　　return CS；

5.2.3　组合服务的重选取

本节需要对组合服务尚未执行的工作流程进行重选取。在5.2.3.1 节中，将剩余工作流程包含的抽象服务分为 3 种类型，并给出了不同类型抽象服务的备选服务集。在 5.2.3.2 节中，给出了重选取的方法。

5.2.3.1　确定抽象服务的备选服务集

在剩余工作流程中存在 3 种不同类型的抽象服务：①独立于其他抽象服务；②具有关联关系的抽象服务，且不受已完成任务的影响；③与已完成的任务具有关联关系的抽象服务。图 5.4 给出了 3

种类型的抽象服务，其中，t_6，t_7，t_8 属于第一类抽象服务，那么服务空间中所有的服务都可以作为它们的备选服务。t_5 与 t_9 属于第二类抽象服务。由于 t_2，t_3，t_4 与 t_1 之间具有关联关系，且 t_1 已经完成执行，因此 t_2，t_3，t_4 属于第三类抽象服务。

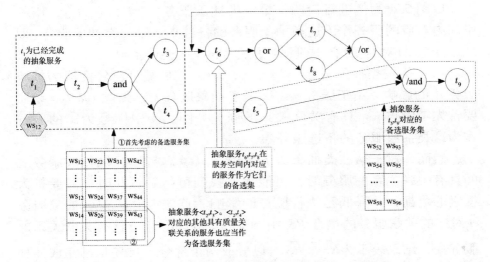

图5.4　各类任务对应的备选服务集

Fig. 5. 4　The candidate services for different kinds of tasks

由于工作流程存在着具有关联关系的抽象服务，因此在确定某些抽象服务与具体服务的绑定关系时，需要考虑其他抽象服务对它们的影响。特别对于第三类抽象服务来说，已经执行的服务相当于对剩余抽象服务的绑定关系进行了限制。这三类抽象服务对应的不同备选服务集为：

① 对于第一种情况，给定抽象服务 t_i，那么抽象服务 t_i 的备选服务集就为 S_i（S_i 表示 t_i 在服务空间中对应的所有备选服务）。

② 对于第二种情况，将具有关联关系的抽象服务作为一个任务单元，任务单元对应的关联服务作为基本的重选取单位。设 ct_i 表示 CS'（CS' 为组合服务尚未执行的工作流程）包含的所有关联任务单元，ct_i 对应的备选服务集为 RS_i，RS_i 是关联服务的集合。

③ 对于第三种情况，设集合 $ct_j^\circ = \{t_i, t_{i+1}, \cdots, t_{i+u}, \cdots, t_{i+v}\}$ （$u < v$）表示一组具有关联关系的抽象服务，ct_j° 对应的关联服务的集合为 RS_j。设 $clp(ct_j^\circ) = \{t_i, t_{i+1}, \cdots, t_{i+u}\}$ 表示一组已经完成的抽象服务。以函数 $ins(t)$ 表示绑定抽象服务 t 的具体服务实例，那么

$ins(clp(ct_j^\circ))$ 表示 ct_j° 中已完成的抽象服务绑定的具体服务。设函数 $gcs(s, RS_j)$ 表示 RS_j 中包含了服务 s 的关联服务。剩余抽象服务可以表示为 $ct_j^\circ - clp(ct_j^\circ)$，它对应的备选服务集可以表示为：$gcs(ins(clp(ct_j^\circ)), RS_j) - ins(clp(ct_j^\circ))$。

以图 5.4 为例进行说明，第一类抽象服务（即 t_6，t_7，t_8），服务空间内对应的服务作为这类抽象服务的备选集。第二类抽象服务（即 t_5，t_9）它们对应的备选服务集为 $\{< ws_{52}, ws_{93} >, \cdots, < ws_{58}, ws_{96} >\}$。第三类抽象服务（即 t_2，t_3，t_4），它们受到已经完成的抽象服务 t_1 的影响。由于服务 ws_{12} 绑定了抽象服务 t_1，因此 t_2，t_3，t_4 需要首先考虑与 ws_{12} 具有关联关系的服务。图 5.4 中标号为①的服务作为这类抽象服务的备选服务集。

然而，对于第三类抽象服务来说，只考虑与已经执行的服务之间具有关联关系的服务时，可能无法找到可行解。此时，需要扩大搜索的范围，并降低已执行服务的影响。首先需要从关联抽象服务 ct_j 对应的关联服务的集合 RS_j 中删除与 $ins(clp(ct_j^\circ))$ 具有关联关系的服务集，结果表示为 $\overline{RS_j}$。$\overline{RS_j}$ 可以分成两个部分：首先是已完成的抽象服务 $clp(ct_j^\circ)$ 对应的候选服务，然后是 $ct_j^\circ - clp(ct_j^\circ)$ 对应的备选服务，分别表示为 $\overline{RS_j^1}$ 与 $\overline{RS_j^2}$。为了降低已执行服务的影响，需要找到 $\overline{ct_j} - clp(ct_j^\circ)$ 对应的备选服务集中具有关联关系的服务，即 $\overline{RS_j^2}$ 中满足关联服务定义（4.2 节定义 4.1）的服务集。它可以形式化地表示为：如果一组服务 $cs_{jk}^2 \in \overline{RS_j^2} = \{s_{jk1}^2, s_{jk2}^2, \cdots, s_{jkm}^2\}$（其中，$s_{jkl}^2$ 是一个具体的 Web 服务），cs_{jk}^2 包含的服务满足 3 个条件：① cs_{jk}^2 的支持度大于给定的阈值；② 存在一个服务集合 $wss \subseteq cs_{jk}^2$，对于 $\forall s_{jkl}^2 \in wss$，$s_{jkl}^2$ 的质量优于它的发布值；③ 存在 $cs_{jk}^1 \in \overline{RS_j^1}$，且 $cs_{jk}^1 \cup cs_{jk}^2 \in \overline{RS_j}$，对于 $\forall s_{jkl}^1 \in cs_{jk}^1$，$s_{jkl}^1$ 的质量不能优于它的发布值。前两个条件属于定义 4.1，表示 cs_{jk}^2 本身也是一组关联服务。第③组条件表明 cs_{jk}^1 包含服务在日志中的 QoS 与其发布值相同，满足这一条件相当于降低了已执行服务的影响。直到从集合 $\overline{RS_j^2}$ 找到所有满足上述 3 个条件的服务集合为止。图 5.4 中标号为②的服务就可以作为这种情况下的备选服务集（标号为②的备选服务忽略了与抽象 t_1 之间的关联关系）。

5.2.3.2　组合服务的重选取方法

本节通过更新 5.1.2 节中组合服务选取模型的参数，重新选取出剩余任务流程的服务。将组合服务选取的目标设定为最大化效应函数，那么重选取的目标同样是为剩余流程选取服务，并使效应函数最大。触发重选取时，可以获得成功执行服务的真实质量。设已经成功执行的流程片段的 QoS 聚合值为 F，整个组合服务的效应函数设定为 F，那么重选取的目标可以设定为

$$\max(F - F') \tag{5.13}$$

成功执行的服务的可靠性在选取模型中被设置为 1，使得由于具有较低可靠性而在初始选取中被放弃的服务，因具有较低的价格，也可以在重选取阶段中使用。意味着这些服务的低可靠性从成功执行的服务中得到了补偿。把真实的 QoS 参数代入表示约束条件的式 (5.5) 中，并将代表服务 s_{uv} 与抽象服务间绑定关系的参数 x_{uv} 设置为 1，获得重选取阶段的约束条件。由于第一类与第二类抽象服务的备选服务集并没有任何的变化，因此无须对它们对应的参数进行限制。对于第三类抽象服务 $ct_j^\circ - clp(ct_j^\circ)$ 来说，需要在服务选取模型中添加约束条件：

$$x_{j\mu} = 1,\ x_{j\mu+1} = 1,\ \cdots,\ x_{j\mu+l} = 1 \quad \mu,\ \mu+1,\ \cdots,\ \mu+l \in clp(ct_j^\circ)$$

$$x_{j1} \times x_{j2} \times \cdots \times x_{j\mu-1} \times x_{j\mu} \times \cdots \times x_{j\mu+l} = 1 \quad 1,\ 2,\ \cdots,\ \mu-l \in ct_j^\circ - clp(ct_j^\circ)$$

$$\tag{5.14}$$

约束条件 (5.14) 限定了第三类抽象服务中尚未执行的抽象服务与具体服务间的绑定关系，只有当关联服务包含已完成抽象服务的具体 Web 服务时，它才能作为 $ct_j^\circ - clp(ct_j^\circ)$ 的备选服务。如果此时无法找到可行解，就按照 5.2.3.1 节的方式扩大 $ct_j^\circ - clp(ct_j^\circ)$ 的备选服务集。组合服务的选取与重选取算法都可以按照 0-1 规划的方式进行求解。

5.3 实验分析

本节验证实验包括的内容有：以提取的服务关联模式为基础，对比利用关联模式进行组合服务选取和重选取的效果与效率。

5.3.1 基于关联模式的组合服务选取方法效果与效率的分析

下面基于图 5.5 所示的组合服务工作流程"安排会议行程"组

合服务，分析基于关联模式的服务选取方法的质量与选取效率。在图 5.5 中，关联抽象服务 $\{t_1, t_2, t_3\}$ 重用于"安排会议行程"组合服务，挖掘到的具有 QoS 关联关系的服务作为备选服务进行选取。"安排会议行程"组合服务包含的每个独立抽象服务的备选服务数量设定为 50，并改变关联抽象服务对应的备选服务的数量，以验证算法的效果与效率。第一组实验的目标是比较两个初始选取算法的计算成本与质量：一个选取算法是关联情景下的整数规划算法（简称为IP-CT），另一个是假设服务互相独立的基于整数规划的选取算法[38]（简称为 IP）。对于后一个算法，抽象服务 t_1，t_2，t_3 互相独立。算法IP-CT 使用 4.4.2 节的挖掘结果作为关联备选服务。服务选取的计算成本与质量如图 5.6 所示。

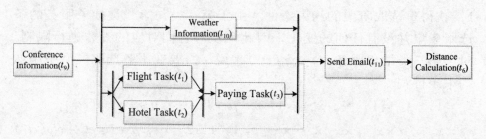

图 5.5　"安排会议行程"工作流程

Fig. 5.5　"Meeting travel plan" workflow

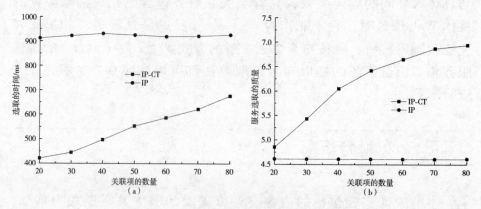

图 5.6　组合服务选取的质量与计算时间

Fig. 5.6　The selection quality and computation cost of composite service

从图 5.6 可以看出，IP-CT 方法在时间与质量上都优于 IP 方法。

由于 IP 方法不受关联服务数量的影响，它仅仅与候选服务的数量相关，在这一组实验中，每个抽象服务的候选服务数量被固定为 40，因此选取的质量没有任何改变，并且计算时间也只在很小的范围内波动。由于关联服务的数量在不断增长，因此 IP-CT 方法的选取质量与计算成本也随着不断增长。

图 5.6(a)比较了两个方法的计算时间，因为关联服务作为关联任务单元的基本选取单位，这相当于降低了搜索空间。假设工作流中包含了 m 个抽象服务，每个抽象服务具有 n 个候选服务，那么 IP 方法的计算成本为 $O(n^m)$。如果存在 k 个具有关联关系的抽象服务，并且关联服务的数量是 l，那么 IP-CT 方法的计算成本为 $O(l \times n^{m-k})$。因此，IP-CT 方法的计算时间低于 IP 方法。在图 5.6(b)中，由于 IP-CT 方法考虑了抽象服务间的关联关系，在服务组合中使用了关联 QoS，因此 IP-CT 方法的选取质量高于 IP 方法的选取质量。

5.3.2　组合服务重选取方法的效果与效率

初始选取的实例在运行时也许会发生异常，此时需要触发组合服务的重选取，可以通过随机地改变单个服务的 QoS 模拟实例所处的动态环境。本书同样使用 IP-CT 和 IP 方法分别对关联情景以及一般情况下的"安排会议行程"组合服务进行重选取。图 5.7 和表 5.5 分别展示了基于 IP-CT 和 IP 的服务重选取方法的计算时间与选取质量。

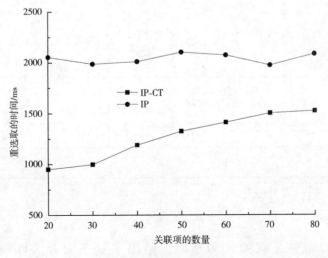

图 5.7　重选取的时间

Fig. 5.7　Computation cost of service reselection

从图 5.7 中可以看出，基于 IP-CT 的重选取方法在选取时间上低于 IP 方法，这同样是因为 IP-CT 方法具有比较小的搜索空间。与初始选取相比，基于 IP-CT 或 IP 的组合服务重选取方法在计算时间上都要更高。这是由于进行重选取之前，需要计算出组合服务尚未执行的工作流程片段。因此，动态环境下的服务选取的计算时间要显著高于静态选取方法。

从表 5.5 中可以看出，基于 IP-CT 的重选取方法在大多数情况下的重选取质量都高于 IP 方法。在实验中，假设当重选取触发时，这些方法都能找到可行解。在计算执行计划的聚合 QoS 值时，服务的可靠性被设置为 1。然而，基于 IP-CT 或 IP 的重选取方法在动态环境下的质量都不高于初始选取。这是因为重选取方法是基于当前状态作出的决策（例如，具有更低价格的服务无法调用）。尽管给出了重选取方法，但是对于未执行工作流程片段的重选取结果也许是次优的。总体来说，基于 IP-CT 的重选取方法能够获得更好的质量。

表 5.5 动态环境下组合服务重选取的质量

Table 5.5 The quality of service reselection in dynamic environments

实例及关联项	基于 IP-CT 方法的重选取质量	基于 IP 方法的重选取质量
20	4.21	3.86
30	4.98	3.67
40	5.52	4.29
50	5.47	4.24
60	5.74	3.91
70	6.13	3.73
80	6.51	3.96

5.4 本章小结

本章以服务关联模式为基础，给出了基于服务关联模式的组合服务动态选取方法。本章的具体内容如下。

　　① 给出了一种 Web 服务关联 QoS 模型，一个服务的 QoS 依赖于其他服务。并利用逻辑表达式给出了一组关联服务的 QoS 表示方法，以便于进行后续的组合服务选取。

　　② 给出了关联情境下组合服务的选取方法。在选取方法中，关联抽象服务作为一个任务单元，它对应的具有 QoS 关联关系的服务作为基本的选取单位，进行组合服务选取。

　　③ 给出了关联情景下组合服务的重选取方法。首先，从环境状态日志中提取出 Web 服务的性能模型，根据 Web 服务所处的环境预测它的性能。其次，通过遍历组合服务工作流程，确定组合服务尚未执行的工作流程。最后，将尚未执行的工作流程中的抽象服务分为三类，分别给出了三类不同抽象服务对应的备选服务集，并考虑了已完成的任务与尚未完成的任务之间具有关联关系的情况。

　　④ 对基于服务关联模式的组合服务优化选取方法的有效性进行了实验验证，实验结果证明了本章所提方法能够提高服务选取的质量信息。因此本章的方法是有效、可行的。

　　本章所提的组合服务选取方法能够在关联情景下满足单个 SLA。在下一章中，将针对多用户多 SLA 的情况给出组合服务在关联情景下的选取方法。

第6章 关联情景下支持多 SLA 间服务共享的组合服务选取方法

随着云计算技术的兴起，当某一个应用为不同类别的用户服务时，这个应用被初始化为多个工作流实例，每一组工作流实例负责为特定的用户提供特定的 QoS 等级。例如，亚马逊的 EC2 提供了 8 个不同的部署计划，通过为服务实例分配不同的资源，使得每个计划可以满足不同的 QoS 等级。

在面向服务的系统中，服务等级协议（SLA）定义了施加于工作流实例的端到端 QoS 需求，例如吞吐量、延时和成本（即资源的使用费用）。为了满足给定的 SLA，需要选取服务实例绑定到工作流中的抽象服务。不同的工作流实例在不同的 SLA 等级上又具有不同的效果。例如，一个工作流实例由具有高吞吐量高价格的服务实例组成，而另一个则由低价格低吐吞量的一些服务实例构成。这种决策问题称为 SLA 感知的组合服务选取问题，它是一个搜索抽象服务与具体服务实例之间最优绑定关系的组合优化问题。

目前，已有一些研究集中于同时选取服务实例，以满足用户指定的多个 SLA。文献［49，50］使用多目标优化算法搜索出能够满足多个 SLA 的工作流实例。每个工作流实例能够为不同类型的用户提供不同的 QoS 等级，工作流实例包含的具体服务实例都被特定用户所独占。然而，这种部署方式存在 3 个问题。第一，如果一些工作流实例独占了高性能的服务实例，那么服务空间中剩余的较低性能的服务实例可能无法满足其他用户的请求。在这种情况下，就无法为这些用户找到可行解。第二，如果将高性能服务实例化为多个服务实例以避免找不到可行解的情况，由于高性能的实例会消耗很多的计算资源（例如，CPU）以支持其处理性能，那么会使得高性能的实例在大多数情况下处于闲置状态，降低了实例的利用率。第三，在多 SLA 服务选取的方法中，忽略服务之间的关联关系会造成服务选取所依据的 QoS 不准确。

为处理上述问题，本章引入了一个支持服务共享的多 SLA 感知的多目标优化方法进行服务选取，同时该方法支持服务间的关联关系。在该方法中，服务实例能够被一个应用的不同组合共享。不同 QoS 等级的组合服务都可以共享高性能的服务实例。同时为了避免由于接受过多并发请求造成服务实例下降到无法接受的程度，同样设置了一个并发阈值，以限制过多的并发请求。此外，由于真实场景下的 Web 服务之间具有质量关联关系，因此在部署满足多 SLA 的工作流实例时，还考虑了服务间具有的 QoS 关联关系，以提高服务选取的质量。由于服务选取问题是一个 NP 难的问题[93]，因此本章采用多目标遗传算法对该问题求解。下面对本章提出的方法进行详细的描述。

6.1　研究动机

本章从服务实例共享的角度处理 SLA 感知的服务组合问题。下面给出一个例子进一步讨论研究的动机和研究的背景。在图 6.1(a)中，给出了一个包含 4 个抽象服务的工作流程，这 4 个抽象服务分别为：Loan Validator Service，Credit Rating Service，Loan Broker Service 和 Loan Sale Processor Service。它们能够完成的功能分别为：贷款的验证、信用的评级、列出适合的贷款公司和贷款销售的处理。图 6.1(b)展示了具体服务及其对应的吞吐量，例如 Concrete Service 1 – 1 与 Concrete Service 2 – 1 分别表示抽象服务 1 与抽象服务 2 的候选服务。

假设存在两类用户（金卡用户和银卡用户），银卡用户希望图 6.1(a)展示的应用的最小吞吐量不低于 850req/s。根据文献[94]，一个应用的吞吐量等于最小抽象服务的吞吐量。显然，具体服务 1 – 1 需要部署一个服务实例为银卡用户服务。此时，金卡用户发送了一个请求，要求吞吐量不能低于 900req/s。由于具体服务 1 – 2 的吞吐量为 750req/s < 900req/s，且服务 1 – 1 又被银卡用户占用，因此，剩余的具体服务无法满足金卡用户的需求。

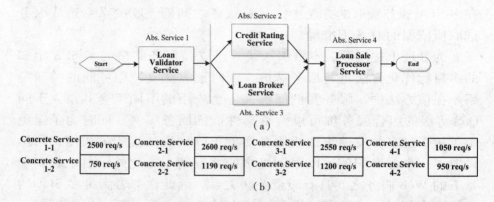

图 6.1　工作流与具体服务的吞吐量

Fig. 6.1　An example of workflow and throughput of concrete service

如果将具体服务 1 - 1 初始化为多个服务实例来为金卡用户服务，由于具体服务 1 - 1 具有较高的性能，那么服务器就需要收集更多的计算资源，以支持它所能提供的性能。因此，部署越多的服务实例，就会消耗越多的资源。如图 6.2(a) 所示，假设具体服务 1 - 1 需要的资源配置为 CPU：2Hz，Core：1，Memory：1GB。如果该服务只能为某一类用户服务，那么只能通过分配更多的资源，实例化该服务，来处理另一个用户的请求。

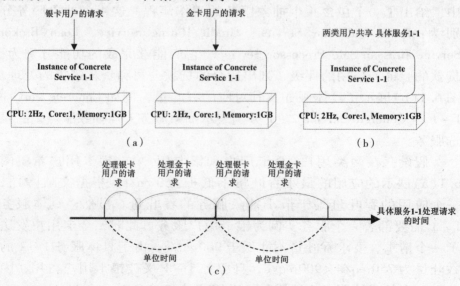

图 6.2　服务实例的部署配置

Fig. 6.2　Example of service instance deployment configuration

在图 6.2(b)中，具体服务 1－1 的实例被金卡和银卡用户共同使用。来自不同用户的请求在一个单位时间内被服务实例交替处理，该处理方式如图 6.2(c)所示。在这种情况下，具有较高性能的实例 1－1 能够被不同类别的用户共享，并且无须分配更多的计算资源来支持另一个服务实例的运行。因此，支持多个 SLA 之间服务共享的组合服务选取方法提高了资源的使用效率。此外，满足多个 SLA 的组合服务之间共享服务实例相当于增加了候选服务的个数，扩展了服务选取解决方案的空间。综上所述，支持多 SLA 间服务共享的服务选取方法能够降低无法找到可行解的概率，同时可以提高计算资源的使用效率。

6.2　问题模型与基本概念

本节分为 3 个小节，这 3 个小节主要描述的内容为：在 6.2.1 节中，给出了多 SLA 共享的组合服务选取模型；6.2.2 节给出了共享服务的相关概念；6.2.3 节给出了并发阈值约束一个服务实例承载的并发请求数，以避免因并发请求数过高造成性能的下降。

6.2.1　问题模型

为了满足不同类型用户的需求，一个面向服务的应用需要部署多个工作流实例。每个工作流实例可以提供不同的 QoS 等级。同时，不同的组合之间可以共享同一个服务实例，不同的组合能够在单位时间内交替地访问服务实例。假定存在两类用户：金卡用户、银卡用户，每一类用户对应一个 SLA 等级。当两类用户发出服务请求时，组合服务就会为这两类用户部署符合不同 SLA 等级的工作流实例。例如，图 6.1(a)所示的"贷款处理"工作流程能够被初始化为如图 6.3 所示的具体服务实例。

每个具体服务可以被实例化为多个服务实例，每个抽象服务至少绑定一个服务实例。所有绑定的服务实例形成了工作流实例，同时每类用户使用一个工作流实例。为了改进组合服务的吞吐量和容错率，多个服务实例能够以并行冗余的方式绑定一个抽象服务（这些服务实例称为冗余并行实例）。在图 6.3 中，两组冗余并行的服务实例绑定了抽象服务 1。具体服务 1－2 被实例化为两个服务实例，这两组实例分别被不同的工作流实例占用。Cservice 4-3(1)表示具体服务 4-3 的实例被银卡用户所独占。Cservice 1-1(0.2)与 Cservice 1-1(0.7)表示具体服务 1-1 的实例能够被两类用户所共享。"0.2"表示服务 1-1 在单位时间内为银卡用户处理的时间为 0.2,"0.7"则是为金卡用户处理的时间。

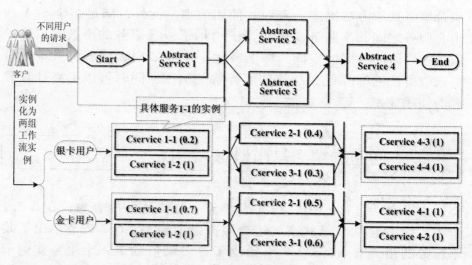

图 6.3　服务组合模型

Fig. 6.3　Service composition model

　　因此,支持多 SLA 间服务共享的组合服务选取方法需要解决的关键问题是:在满足不同 SLA 的前提下,找到绑定组合服务中抽象服务的服务实例数量。同时还需要考虑关联情景下,不同服务的组合对 QoS 的影响。

6.2.2　相关概念

　　本章讨论了关联情景下支持多 SLA 间服务共享的组合服务优化选取方法。本小节则给出与服务共享相关的基本概念。

　　【定义 6.1】共享服务实例。一个应用被初始化为多个工作流实例:CS_1,CS_2,…,CS_L,每个工作流实例满足一个特定的 SLA。在单位时间内,一个服务实例 ins 运行在不同的组合服务 CS_i,CS_{i+1},…,CS_{i+k}上,且 $1 \leq i$,$i+1$,…,$i+k \leq L$,服务实例 ins 被称为共享服务实例。

　　根据定义 6.1 可知,服务实例 ins 以分时共享的方式被多个组合服务使用。如果一个具体服务 s 的服务实例 ins 被多个工作流实例共享，那么具体服务 s 就称为共享服务。每一个抽象服务可以绑定多个共享服务，同时服务 s 不会为该抽象服务单独使用。因此，每个抽象服务对应的具体服务实例的数量不为整数。

对于一个抽象服务流程 CS，AS_i 是其中的一个抽象服务，s_{ij} 是能够完成抽象服务 AS_i 功能的具体服务。那么，AS_i 上具体服务实例的部署计划可以表示为 $dep_i^L = <x_{i11}^L, \cdots, x_{i1k}^L, \cdots, x_{ij1}^L, \cdots, x_{ijk}^L, \cdots, x_{iu1}^L, \cdots, x_{iuk}^L>$。其中，$L$ 表示该部署计划所处的服务等级；x_{ijk}^L 表示具体服务 s_{ij} 的第 k 个服务实例绑定在抽象服务 AS_i 上的数量。例如，图 6.3 的抽象服务 1，对于银卡用户来说，它的部署计划 $dep_1^1 = <0.2, 1>$。由于某一个服务实例要么与其他等级的组合服务所共享，要么被某一个组合服务独占，因此 x_{ijk}^L 的取值范围可以表示为 $(0, 1]$。当 $x_{ijk}^L = 1$ 时，表示该实例处于独占状态；当 $0 < x_{ijk}^L < 1$ 时，表示该实例处于共享状态。因此，参数 x_{ijk}^L 表示的含义为：选取哪些具体服务绑定抽象服务 AS_i，且 AS_i 上绑定了多少服务实例。定义 6.2 给出了支持共享的组合服务部署计划的定义。

【定义 6.2】支持共享的组合服务部署计划。一个抽象服务流程 CS，由 N 个抽象服务 AS_1，AS_2，$\cdots$，AS_N 构成。抽象服务 AS_i 在等级 L 上的部署计划为 dep_i^L，那么，CS 能够提供等级 L 的部署计划可以表示为 $dep^L = <dep_1^L, \cdots, dep_N^L>$。

根据定义 6.2 可知，抽象服务流程 CS 的部署计划是由绑定抽象服务的服务实例个数组成的。如果需要为抽象服务流程 CS 部署 L 个等级的工作流实例，那么该部署计划可以表示为 $dep = <dep_1^1, \cdots, dep_N^1, \cdots, dep_1^L, \cdots, dep_N^L>$。因此，支持多 SLA 间服务共享的组合服务选取算法就是根据不同类型的 SLA 找到部署计划 dep。图 6.4 展示了图 6.3 的部署计划。从图 6.4 中可以看出，两个参数 x_{111}^1 与 x_{111}^2 分别表示服务 s_{11} 的第 1 个服务实例在银卡用户与金卡用户之间的共享状况。

在服务的实际执行过程中，普遍存在着一个备选服务的质量依赖于其他备选服务的情况。例如，存在两个具体服务 s_{ij} 与 s_{uv}，两者具有 QoS 关联关系，由于具体服务实例是通过部署一定的资源实现服务所宣称的 QoS，因此服务 s_{ij} 与 s_{uv} 的服务实例之间也具有关联关系。QoS 关联关系会对服务选取产生较大的影响，将在后续章节中讨论这一部分的内容。

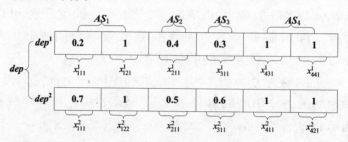

图 6.4　应用的部署计划

Fig. 6.4　Application deployment plan

6.2.3　并发阈值的设定

某一个服务实例 s_{ijk} 被多个组合共同使用，也会造成一个问题：并发请求数过多，造成该服务性能下降到不可接受的程度。本小节需要解决的问题是：如何设定一个并发阈值 ξ，防止 s_{ijk} 被过多的工作流实例在同一个时间段内使用。排队论能够用于评估分布式系统的性能[95,96]，下面采用排队论的方法评估出每个服务实例的吞吐量与延迟。

令 μ_v 表示单位时间内的服务率，它也表示运行在一个单位 CPU（例如，1 GHz CPU）上的服务实例在单位时间内能够处理的平均请求数，它也是平均请求处理时间的倒数。假定一个服务实例对应的参数 μ_v 是已知的，根据参数 μ_v 以及请求到达率，可以评估出运行在不同 CPU 配置下的服务实例的吞吐量与延迟的概率分布。假设一个服务实例运行在具有 N 个核的 CPU 上，每个 CPU 的处理速度为一个单位 CPU 的 η 倍。将本章的服务实例作为 M/D/N 的队列，那么根据文献[95]给出的公式，在一个队列中等待时间 T 大于 δ 的概率可以表示为

$$P(T \geq \delta) = \left(\frac{N \times P_N}{N - \theta}\right) \exp\left[-2(N - \theta)\delta\right],$$

$$\theta = \frac{\lambda}{\eta \times \mu_v}, \quad P_N = P_0 \times \frac{\theta^N}{N!}, \quad P_0 = \sum_{k=0}^{N-1} \frac{\theta^k}{k!} + \frac{\theta^N}{(N-1)!\,(N-\theta)} \tag{6.1}$$

其中，参数 λ 表示平均请求到达率，它是指一个服务实例在单位时间内的平均请求数。如果求出了 λ 的值，根据式（6.1），就可以计算出概率 $P(T \geq \delta)$。由于吞吐量是指单位时间内能够处理的请求数，

因此可以使用服务提供者发布的吞吐量最为近似 λ 的值。另外，也可以根据相关的信息估算出一个服务实例的吞吐量。通过计算 $N \times \eta \times \mu_v$，可以计算出一个服务实例单位时间内能够处理的平均请求数，因此，令 $\lambda = N \times \eta \times \mu_v$ 即可估算出 λ。

给出一个延迟的阈值 δ_{thre}，并设置不同的 μ_v 值可以测试出概率分布 $P(T \geq \delta_{thre})$。如果 $\mu_v = \xi$ 时，概率 $P(T \geq \delta_{thre})$ 的值比较大，就表示一个服务实例在单位时间内的服务率为 μ_v 时，性能下降的可能性较大（即响应时间变大的概率较大）。因此，理论上该服务实例 s_{ijk} 的并发请求数不应该超过阈值 ξ。那么，服务实例 s_{ijk} 的并发约束条件可以表示为

$$\sum_{l \in SL} y_{ijk}^l \leq \xi, \quad y_{ijk}^l = \lceil x_{ijk}^l \rceil \tag{6.2}$$

其中，SL 表示共享服务实例 s_{ijk} 的工作流实例对应的 QoS 等级的集合，参数 y_{ijk}^l 等于 x_{ijk}^l 向上取整的值。在支持共享的多 SLA 感知的服务选取中，式(6.2)需要作为其中的一个约束条件。

6.3　支持服务共享的 QoS 模型

在本章中，每个具体服务都能够按照特定的部署计划绑定抽象服务。本节主要参考 3 个 QoS 参数进行服务选取，分别为吞吐量、响应时间和价格。这些 QoS 属性分别表示为 q^1，q^2，q^3。由于具体服务之间存在互关联关系，因此服务 s_{ij} 在质量属性 q^u 上的值依赖于另一些服务，那么 s_{ij} 的 QoS 值可以表示为：$sv(s_{ij}, q^u) = \{(v_0, c_0), (v_1, c_1), \cdots, (v_n, c_n)\}$。如果满足条件 c_k，那么服务 s_{ij} 的 QoS 值为 v_k。条件 c_k 是由 $sel(t) \in CCS$ 组成的逻辑表达式，$sel(t) \in CCS$ 的含义为抽象服务 t 绑定了集合 CCS 中的服务。因此，条件 c_k 由一系列表达式 $sel(t) \in CCS$ 按照逻辑操作符 "与" "或" "非" 构成。例如，c_k：$(sel(t_1) \in CCS_1 \land (\neg sel(t_2) \in CCS_2)) \lor sel(t_3) \in CCS_3$。为了表述得更加直观，引入一个表达式 $bool_l$，它的取值方式如式(6.3)所示。

$$bool_l = \begin{cases} 1, & sel(t_l) \in CCS_l \\ 0, & sel(t_l) \notin CCS_l \end{cases} \tag{6.3}$$

因此，表达式 c_k 就表示为 $\bigvee_{b \in B} (\bigwedge_{l \in b} sel(t_l) \in CSS_l)$。那么

$sv(s_{ij}, q^u) = \prod_{k=0}^{n} v_k \times c_k$。如果服务实例 s_{ijk} 被多个工作流实例共享，那么它在第 l 个等级上的 QoS 值的计算方式如表 6.1 所示。

表 6.1　　　　　　　　共享服务实例的 QoS 计算方式

Table 6.1　　　　　　　QoS computation of sharing instance

服务实例	吞　吐　量	延　迟	价　格
s_{ijk}	$x_{ijk}^l \times sv(s_{ij}, q^1)$	$sv(s_{ij}, q^2)$	$x_{ijk}^l \times sv(s_{ij}, q^3)$

如果实例 s_{ijk} 被一个工作流实例单独占有，那么 s_{ijk} 的 QoS 值与具体服务 s_{ij} 相同。在本章中，为了提升吞吐量，每个抽象服务可以绑定一组冗余并行的具体服务实例。每个抽象服务的 QoS 值等于冗余并行实例的聚合 QoS 值。抽象服务的吞吐量等于冗余并行实例的吞吐量的和，它的延迟等于所有实例延迟的平均值，它的成本是对应实例的成本的和。其计算公式如表 6.2 所示。

表 6.2　　　　　　　　抽象服务的聚合 QoS 函数

Table 6.2　　　　　　QoS aggregation function of an abstract service

QoS 属性	QoS 计算函数
吞吐量	$\displaystyle\sum_{j,k \in CM_{li}} x_{ijk}^l \times Q^1(s_{ijk})$
延迟	$\displaystyle\frac{1}{\sum_{j,k \in CM_{li}} x_{ijk}^l} \times \sum_{j,k \in CM_{li}} x_{ijk}^l \times sv(s_{ij}, q^2)$
成本	$\displaystyle\sum_{j,k \in CM_{li}} x_{ijk}^l \times Q^3(s_{ijk})$

在表 6.2 中，符号 CM_{li} 表示在第 l 个等级的工作流实例上第 i 个抽象服务绑定的具体服务实例，其中 $j, k \in CM_{li}$ 表示绑定第 i 个抽象服务的具体服务 j，以及被实例化的个数。$Q^1(s_{ijk})$ 和 $Q^3(s_{ijk})$ 表示服务实例 s_{ijk} 的成本与吞吐量。如果 s_{ijk} 被某一个组合独占，那么 $Q^1(s_{ijk}) = sv(s_{ij}, q^1)$ 并且 $Q^3(s_{ijk}) = sv(s_{ij}, q^3)$。当服务实例 s_{ijk} 被不同的组合共享，那么在第 l 个等级上 s_{ijk} 的吞吐量和价格分别为：$Q^1(s_{ijk}) = x_{ijk}^l \times sv(s_{ij}, q^1)$，$Q^3(s_{ijk}) = x_{ijk}^l \times sv(s_{ij}, q^3)$。

一个工作流实例的端到端 QoS 需要根据其对应的控制流程结构进行计算。在本章中，引入了并行结构、顺序结构与循环结构（分支结构相当于迭代一次的循环结构）的聚合函数。循环结构展开后是一组分支顺序，每一组分支条件用于评估循环是接续迭代还是退出。因此，通过循环展开技术，可以估算出具有循环结构的组合服务端到端的 QoS 值。在估算端到端的 QoS 值之前，并行结构与顺序结构的 QoS 聚合值的计算如表 6.3 所示。

表 6.3 　　　　　　　　　顺序结构与并行结构的聚合函数

Table 6.3 QoS aggregation function of sequence and parallel structure

QoS 属性	控制结构	聚合函数
吞吐量	并行	$\mathrm{Min}_{AS_i \in AW_{parallel}} \left[\sum\limits_{j,k \in CM_{li}} x^l_{ijk} \times Q^1(s_{ijk}) \right]$
	顺序	$\mathrm{Min}_{AS_i \in AW_{sequence}} \left[\sum\limits_{j,k \in CM_{li}} x^l_{ijk} \times Q^1(s_{ijk}) \right]$
延迟	并行	$\mathrm{Max}_{AS_i \in AW_{parallel}} \left[\dfrac{\sum\limits_{j,k \in CM_{li}} x^l_{ijk} \times sv(s_{ij},\ q^2)}{\sum\limits_{j,k \in CM_{li}} x^l_{ijk}} \right]$
	顺序	$\sum\limits_{AS_i \in AW_{sequence}} \left[\dfrac{\sum\limits_{j,k \in CM_{li}} x^l_{ijk} \times sv(s_{ij},\ q^2)}{\sum\limits_{j,k \in CM_{li}} x^l_{ijk}} \right]$
价格	并行	$\sum\limits_{AS_i \in AW_{parallel}} \left[\sum\limits_{j,k \in CM_{li}} x^l_{ijk} \times Q^3(s_{ijk}) \right]$
	顺序	$\sum\limits_{AS_i \in AW_{sequence}} \left[\sum\limits_{j,k \in CM_{li}} x^l_{ijk} \times Q^3(s_{ijk}) \right]$

在表 6.3 中，$AW_{parallel}$ 与 $AW_{sequence}$ 分别表示并行结构与顺序结构中抽象服务的集合。如果一个集合的抽象服务 $\{AS_1,\ AS_2,\ \cdots,\ AS_N\}$，其中任意两个抽象服务都不属于分支结构，那么它们就能够称为一个执行路径。在一个组合服务流程 CS 中，每个执行路径都对应一个执行概率 $freq_u$，如图 6.5(b) 所示。在一个执行路径中包含了并行顺序等结构。在图 6.5 中，如果执行路径 ep_0 表示没有执行循环结构，那么 ep_0 的概率为 $freq_0 = P_0$。如果执行路径 ep_1 代表循环只执行了一次，那么 $freq_1 = (1 - P_0) \times \left(\dfrac{P_1}{1 - P_0} \right) = P_1$。如果循环执行了两次，

那么 $freq_2 = (1 - P_0) \times \left(1 - \dfrac{P_1}{1 - P_0}\right) \times \dfrac{P_2}{1 - P_0 - P_1} = P_2$，可以此类推剩余的循环次数。

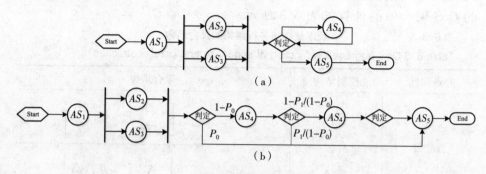

图 6.5　循环展开

Fig. 6.5　Loop peeling

在一个组合服务流程 CS 中，需要根据它们的执行概率考虑所有的执行路径。因此，组合服务流程 CS 在第 l 个等级上的工作流实例在第 α 个质量属性上的聚合函数可以表示为 $AQ_l^{\alpha} = \sum\limits_{u=1}^{U} freq_u \times AP_u$，其中，$AP_u$ 表示第 u 个路径的聚合 QoS，它由具有顺序结构与并行结构的节点组成，可以利用表 6.3 的方法计算。

不同类型的用户给出的全局 QoS 约束条件可以表示为一个向量 $CV = <C_1^1,\ C_1^2,\ \ C_1^3,\ \cdots,\ C_L^1,\ C_L^2,\ C_L^3>$。对于向量 CV 中的每个元素 $C_l^u (l \in \{1,\ 2,\ \cdots,\ L\})$，它表示第 l 个等级的用户对第 u 个质量属性的约束。那么，这些约束条件可以形式化地表示为式(6.4)。

$$AQ_1^1 \geqslant C_1^1, \quad AQ_1^2 \leqslant C_1^2, \quad AQ_1^3 \leqslant C_1^3$$
$$\vdots \qquad\qquad\qquad\qquad (6.4)$$
$$AQ_L^1 \geqslant C_L^1, \quad AQ_L^2 \leqslant C_L^2, \quad AQ_L^3 \leqslant C_L^3$$

设定的目标为：所有类型用户的工作流实例的总吞吐量最大，总的延迟与成本最小。这些目标可以设定为式(6.5)的形式。因此，本章提出的方法主要的思想为：对于一个组合服务流程 CS 和一个全局 SLA 等级约束 CV，依据具体服务的 QoS 并考虑到服务间的 QoS 关联关系，找出满足优化目标(6.5)的可行解，并且使多个目标函数最优。

$$\text{Max}\left(\sum_{l=1}^{L} AQ_l^1\right),\ \text{Min}\left(\sum_{l=1}^{L} AQ_l^2\right),\ \text{Min}\left(\sum_{l=1}^{L} AQ_l^3\right) \qquad (6.5)$$

上述目标分别表示为：所有等级用户的工作流的吞吐量最大、价格与服务延迟最小，同时所有工作流实例的总体成本最低。如果存在两个等级的用户：金卡用户与银卡用户，那么优化目标有 $2 \times 3 + 1 = 7$ 个。

6.4　支持共享的多目标优化选取算法

本节采用多目标遗传算法解决多 SLA 感知的服务选取问题。讨论了解集之间的支配关系[97]，并设计了基因的部署策略、交叉、变异策略。最后，给出了使用多目标遗传算法找到可行解的过程。

6.4.1　可行解的支配关系

给定两个可行解 p_i 与 p_j，p_i 与 p_j 都满足约束条件式（6.4）。当且仅当 p_i 与 p_j 满足式（6.6）所示的条件时，表明 p_i 支配 p_j。其中，$T(p_i)$，$C(p_i)$，$Lat(p_i)$ 分别表示解 p_i 的吞吐量、价格、延迟。式（6.6）表示的含义是：解 p_i 的吞吐量不能低于 p_j 的吞吐量，它的价格与延迟都不能高于 p_j 的价格与延迟，同时解 p_i 至少有一个 QoS 属性优于解 p_j。

$$\begin{pmatrix} T(p_i) \geqslant T(p_j) \text{ and} \\ C(p_i) \leqslant C(p_j) \text{ and} \\ Lat(p_i) \leqslant Lat(p_j) \end{pmatrix} \text{ and } \begin{pmatrix} T(p_i) > T(p_j) \text{ or} \\ C(p_i) < C(p_j) \text{ or} \\ Lat(p_i) < Lat(p_j) \end{pmatrix} \quad (6.6)$$

如果使用符号 > 表示解之间的支配关系，那么，上述关系可以表示为 $p_i > p_j$。在多目标优化选取方法中，会搜索到大量的候选解集。首先，需要按照上述支配关系对解集进行划分，使得某一个子集的解支配或被另一个子类的解支配，同时每个子集内部的解互不支配；其次，如何比较同一个子集内部的解，判定哪个解最优。下面给出两个算法对解集内的解进行排序。

设群体 P 是一个候选解的集合。首先，按照支配关系将集合 P 分割为 K 个子集 $\{P_1, P_2, \cdots, P_K\}$，每个子集内的解属于同一个等级。所有的子集都满足条件：如果 $u < v$，那么在 P_u 中的任意一个解都能够支配 P_v 中所有的解（即子集 P_u 的等级高于 P_v 的等级），同时相同集合内所有的解互不支配。表 6.4 给出了划分集合 P 的算法。

表6.4 基于支配关系对解集进行排序

Table 6.4 The algorithm to rank solutions based on domination relationship

Algorithm7. Rank_solutions(P)
输入：P：一组解集；
输出：P_1，P_2，…，P_K：按支配关系划分集合 P 的结果。
① $P' \leftarrow P$; $k \leftarrow 0$;
② while $\lvert P' \rvert > 1$ then
③ for each $p_i \in P'$ do
④ for each $p_j \in P'$ and $i \neq j$ do
⑤ if $p_j > p_i$ then
⑥ $N_i + +$; //N_i 是支配 p_i 的解的个数
⑦ end for
⑧ if $N_i = = 0$ then
⑨ Add p_i into the subset P_k;
⑩ Delete p_i from P;
⑪ end for
⑫ $k + +$;
⑬ end while
⑭ if $\lvert P' \rvert = = 1$ then
⑮ Add P' into the subset P_k;

表6.4 所示算法的核心是通过遍历解集 P，并根据式(6.6)比较它们之间的支配关系，将具有同一等级的解存入一个集合内。图6.6 使用了两个 QoS 目标(价格与吞吐量)，在这个例子中，个体 A，B 与 C 是互不支配的，因此它们属于同一个等级。个体 E 与 D 被个体 A，B 与 C 支配，且 D 与 E 之间互不支配。因此，E 与 D 属于同一个等级。

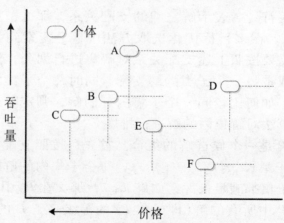

图6.6 支配关系的例子

Fig. 6.6 An example domination relationship

通过该算法将 P 分割为 K 个子集 $\{P_1, P_2, \cdots, P_K\}$。然而，在 P_i 中的解是互不支配的，由于这些解处于同一个等级内，需要比较 P_i 内部的解以分辨出哪些解较优。这里引入 crowding distance[98] 评估同一个子集内解的密度，crowding distance 能够比较出这些解互相接近的程度。由于个体的多样性越大，这些个体具有的 QoS 范围就越大。因此，更偏向于互相之间具有较大距离的个体。计算 crowding distance 的算法 Distance_calculation 如表 6.5 所示。

表 6.5　　　　　　　计算 crowding distance 的算法

Table 6.5　　　　The algorithm of calculating crowding distance

Algorithm8. Distance_calculation(P)

输入：P：一组互不支配的解集；

输出：$distance$：P 包含解的 crowding distance。

① initialize an array $distance$ that its length is N, and $N = |P|$;

② for each QoS objective u do

③ 　　sort(P, u); //根据第 u 个质量属性，按照升序对 P 包含的解进行排序

④ 　　$distance[p_1] = \infty$, $distance[p_N] = \infty$;

⑤ 　　for $i = 2$ to $N - 1$ do

⑥ 　　　　$distance[p_i] = distance[p_i] + (q_u(p_{i+1}) - q_u(p_{i-1}))/(\max(q_u) - \min(q_u))$;

⑦ 　　end for

⑧ end for

⑨ return $distance$;

根据表 6.5 计算出的 crowding distance，可以将解集 $P = \{P_1, P_2, \cdots, P_K\}$ 包含的个体按照优先顺序进行排序。下面给出一个优先关系 $>_r$ 的定义。

① $\forall p_i \in P_i$ 并且 $\forall p_j \in P_j$，如果 p_i 是可行解[满足式(5.3)所示的条件]，p_j 是不可行的解，那么 $p_i >_r p_j$；

② $\forall p_i \in P_i$ 并且 $\forall p_j \in P_j$，如果 $p_i > p_j$（即 P_i 的等级高于 P_j），那么 $p_i >_r p_j$；

③ $\forall p_i \in P_i$ 并且 $\forall p_j \in P_i$，如果 $distance[p_i] > distance[p_j]$，那么 $p_i >_r p_j$。

因此，当两个个体具有不同的支配等级时，更倾向于具有较低等级的解；如果两个个体具有相同的等级，则更倾向于具有较大 crowding distance 的个体（此时，意味着这些个体分布得比较松散）。

6.4.2　多目标优化选取算法的求解过程

本章采用多目标遗传算法将组合服务的每个抽象服务编码为基因，所有类别的用户对应的组合服务作为一个个体，该方法在每次迭代过程中都维护一个种群。通过重复地提供遗传操作[99]（选择、交叉、变异）对种群中的个体进行优化。假定存在两类用户：金卡用户与银卡用户（其余的情况很容易得到扩展）。

图 6.7 给出了一个将"贷款处理"组合服务编码为基因个体的例子。在这个例子中，组合服务在一个抽象服务上分配的服务实例的数量被编码为基因片段。同时，工作流中每个抽象服务对应的所有具体服务都要编入基因片段中，每个基因的编码值是具体服务实例的数量。如果一个组合服务含有 N 个抽象服务，每个抽象服务含有 M 个具体服务。为 L 个用户提供服务时，每个个体包含 $L \times N \times M$ 个基因（在图 6.7 所示的例子中，一个个体包含了 $2 \times 4 \times 4 = 32$ 个基因）。从图 6.7 中可以看出，为金卡用户部署了具体服务 1 - 4 的两个实例。如果一个基因的编码值为 1.4，表示该具体服务的一个服务实例被多个组合共同使用。

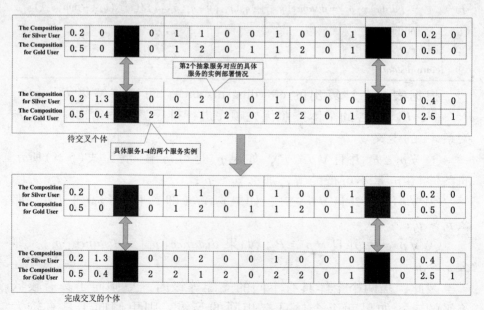

图 6.7　个体交叉操作

Fig. 6.7　The crossover operation for individuals

表 6.6　　　　　　　　　多目标优化算法的优化过程

Table 6.6　The optimization process of Multi-objective optimal algorithm

Algorithm9. Generate_optimal_individuals(NP ， η)

输入： NP ：算法迭代的次数；

　　　　　η ：每代种群的规模；

输出： P ：最优解的集合。

① $g \leftarrow 0$ ；

② $P^g \leftarrow$ initial_selection( )；//随机产生 η 个个体

③ while $g \leqslant NP$ then

④ 　　$\{P_1^g, \cdots, P_K^g\} \leftarrow$ rank_solutions(P^g)；

⑤ 　　Add P_1^g to $\Re^g$ ；

⑥ 　　Set num to zero；

⑦ 　　while $num \leqslant \eta/2$ then

⑧ 　　　　p_1 ， $p_2 \leftarrow$ random_selection(P^g)；

⑨ 　　　　$p_a \leftarrow$ best_selection(p_1 ， p_2 ， $>_r$)；

⑩ 　　　　p_1 ， $p_2 \leftarrow$ random_selection(P^g)；

⑪ 　　　　$p_b \leftarrow$ best_selection(p_1 ， p_2 ， $>_r$)；

⑫ 　　　　q_a ， $q_b \leftarrow$ crossover(p_a ， p_b)；

⑬ 　　　　q_a° ， $q_b^\circ \leftarrow$ mutation(q_a ， q_b)；

⑭ 　　　　Add q_a° ， q_b° to Λ ；

⑮ 　　　　$num + +$ ；

⑯ 　　end while

⑰ 　　$Q \leftarrow$ determine_rank($\Re^g$ ， Λ)；

⑱ 　　$g + +$ ；

⑲ 　　if populations of Q are bigger than η then

⑳ 　　　　$P^g =$ top_individuals(Q)；

㉑ $P \leftarrow P^g$ ；

　　所有的个体需要按照式（6.5）的目标进行演化。表 6.6 给出了使用多目标遗传算法对本章的问题进行求解的过程。在进化过程中，每一代产生 η 个个体。算法需要重复执行 NP 次找到最终的解。在每一次迭代中，使用函数 rank_solutions 将所有的解按照支配关系划分为不同的子集。保留有最高等级的子集 P_1^g ，并将 P_1^g 加入集合 $\Re^g$ 。首先，从集合 P^g 中随机选出两个个体 p_1 与 p_2 ，再使用函数 best_selection(p_1 ， p_2 ， $>_r$)选出最佳个体。函数 best_selection(p_1 ， p_2 ， $>_r$)

根据优先级关系 $>_r$ 返回个体 p_1 或 p_2。对个体 p_1 或 p_2 采用两点交叉操作产生后代个体，这一步通过函数 *crossover* 完成。然后，后代的基因片段通过变异操作产生新的个体，这一步的操作通过函数 *mutation* 完成。完成这些操作后，个体被添加到集合 Λ。这些步骤重复执行 $\eta/2$ 次。最后，把集合 Λ 与 $\mathfrak{R}^g$ 按照支配关系分为具有不同支配等级的集合，把最高等级的解存入集合 Q，这一步骤由函数 *determine_rank* 完成。根据优先关系 $>_r$ 从集合 Q 中选出前 η 个个体，作为下一次迭代的初始种群。最终返回迭代 NP 次的结果，并作为服务选取的可行解。

集合 $\mathfrak{R}^g$ 保存了上一次迭代过程中具有最高支配等级的解。与下一次迭代产生的解 Λ 相比，$\mathfrak{R}^g$ 包含解的优先级并不一定比 Λ 的解低。因此，在本次迭代中，保留了集合 $\mathfrak{R}^g$ 的解。并将 $\mathfrak{R}^g$ 与 Λ 中具有最高支配等级的解作为下一次迭代的输入。函数 *determine_rank* 的过程如表 6.7 所示。

表 6.7　　　　　　　　　　确定具有最高支配等级的解

Table 6.7　　　　　　Determining the highest dominant rank

Algorithm 10. Determine_rank($\mathfrak{R}^g$, Λ)

输入：$\mathfrak{R}^g$：第 g 代中具有最高优先级的解集；

　　　Λ：第 $g+1$ 代的解集；

输出：M：具有最高优先级的解集合。

① 　$M \leftarrow \Lambda$；

② 　for each $p_i \in \Lambda$ do

③ 　　　for each $p_j \in \mathfrak{R}^g$ do

④ 　　　　if $p_i >_r p_j$ then

⑤ 　　　　　$S_i = S_i \cup \{p_j\}$；

⑥ 　　　　else if $p_j >_r p_i$ then

⑦ 　　　　　$S_j = S_j \cup \{p_i\}$；

⑧ 　　　delete S_i from $\mathfrak{R}^g$；

⑨ 　　　delete S_j from M；

⑩ 　$M \leftarrow \Lambda \cup \mathfrak{R}^g$；

⑪ 　return M；

这里不是以单个基因为单位完成优化算法的交叉操作，而是以具体服务为单位进行交叉操作。例如，图 6.7 所示的交叉操作，具体服务 1–3 在两个个体中分别为银卡用户和金卡用户部署了不同数

量的服务实例，那么银卡用户与金卡用户的部署状况都需要进行交换。在优化选取的过程中，作用于在初始个体上的变异操作发生的概率为 $1/n$，其中 n 是一个个体中基因的数量。此外，如果服务实例的部署为小数，那么表示该服务实例也被另一个用户使用。由于需要注意共享服务实例的组合数不能超过式(6.2)的约束条件，因此，一旦服务实例的共享部分超出了约束，就需要对其进行相应的调整。

6.5　实验分析

本节通过仿真实验探讨了关联情景下支持服务共享的 SLA 感知的多目标优化选取方法(简称为 MSCS)的特点。在6.5.1节，给出了 MSCS 如何优化组合服务以满足给定的 SLA，并与文献[50]给出的 MOGA 算法进行了对比；在6.5.2节中，对比了 MSCS 与 MOGA 算法的服务资源利用率；6.5.3节给出了 MSCS 与 MOGA 算法求出的解的分布。实验在配置为 Intel(R) Core i5 CPU 3.3GHz，4G RAM 的 PC 上完成。实验使用图6.1所示的工作流，每一个抽象服务具有20个具体服务。一个应用由两个工作流实例(金卡用户与银卡用户)组成。吞吐量、延迟、成本作为实验的 QoS 属性。

6.5.1　MSCS 的性能分析

在本小节，使用算法 MSCS 与 MOGA 为银卡用户和金卡用户同时部署工作流实例。式(6.5)所示的 QoS 目标作为衡量 MSCS 与 MOGA 算法性能的标准。在本小节的实验中，种群数量(η)和最大迭代次数(NP)分别设为40与450，算法每一次迭代产生的具有最大吞吐量、最小成本与延迟的解，展示了算法的最大搜索能力。

图6.8展示了可行解的最大吞吐量、最小成本与延迟。在算法中，以随机的方式生成初始的个体。从图6.8(a)可知，MOGA 算法获得的最大吞吐量大于 MSCS 算法。这是由于 MOGA 算法是以独占服务的方式为两类用户选取服务实例，每个服务实例只能被一类用户独占。这意味着每类用户都能获得服务实例的全部处理性能。算法 MSCS 能够支持不同组合之间共享服务实例，相当于多个用户共享了一些服务实例的处理能力。

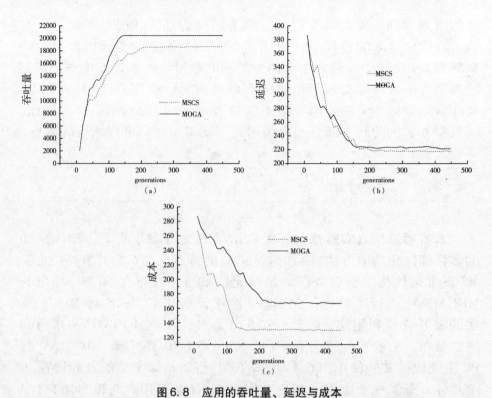

图6.8 应用的吞吐量、延迟与成本

Fig. 6.8 The throughput，latency and cost of application

图6.8(b)展示了 MSCS 与 MOGA 部署应用的时间，两个算法在时间延迟上的差异比较小。图6.8(c)比较了两个算法的部署成本。显然，MSCS 算法的成本低于 MOGA 算法。这是由于每一类用户都能够与其他用户共享服务实例，因此为应用部署的服务实例的数量小于 MOGA。根据图6.8，在初始执行阶段，两个算法的性能差异不大。当演化到200代之后，算法 MSCS 得到的结果就趋于稳定。

6.5.2 服务实例利用率分析

本小节主要的目的是比较 MSCS 与 MOGA 算法为满足用户的 QoS 约束需要部署的实例数量。表6.8给出了5组 QoS 约束。然后，使用 MOGA 与 MSCS 搜索可行解，每个算法将重复执行20次。两个算法的配置与6.5.1节相同，$\eta = 40$，$NP = 450$。由6.5.1节的实验可知，两个算法的延迟相差较小，因此本小节不考虑延迟的约束。

表 6.8 服务等级协议
Table 6.8 SLA

用户类型	吞吐量约束	成本约束	应用 id
Silver	5000req/s	150	1
Gold	6000req/s	160	
Silver	6500req/s	170	2
Gold	7500req/s	180	
Silver	7500req/s	190	3
Gold	8500req/s	200	
Silver	8000req/s	210	4
Gold	9500req/s	220	
Silver	9000req/s	230	5
Gold	10000req/s	240	

表 6.9 列出了 MSCS 与 MOGA 部署的服务实例的数量，以满足表 6.8 所示的 QoS 约束。由于一些服务实例能够被不同的组合同时访问，因此 MSCS 部署的实例数量低于 MOGA。这意味着 MSCS 能够有效地使用服务实例，提高了服务的利用率。由于每个服务实例的运行都会消耗计算资源，因此通过 MSCS 部署的应用所需要消耗的资源低于 MOGA。

表 6.9 服务实例的部署数量
Table 6.9 Deployment number of service instances

应用 id	MSCS 部署的实例数量	MOGA 部署的实例数量
1	13	17
2	17	22
3	21	25
4	24	27
5	28	31

6.5.3　解的分布

在本小节中，MSCS 与 MOGA 在迭代终止时，搜索到的解的分布如图 6.9 所示。MSCS 的解相对均匀地分布在解空间中，因此这些解具有的 QoS 值的范围比较大。这是由于 MSCS 算法倾向于采用具有较大 crowding distance 的解，因此解的分布比较松散。由图 6.9 可知，MOGA 算法获得的很多解具有更高的成本，这是因为 MOGA 独立地为用户部署服务实例。

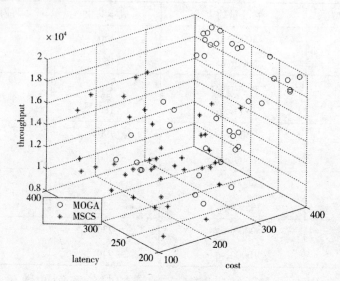

图 6.9　解的分布

Fig. 6.9　Distribution of solutions

　　根据上述实验，MSCS 算法能够有效地使用服务实例，提高了服务实例的利用率。因为 MSCS 考虑了服务共享，因此服务实例的部署数量与成本都比较低。另外，服务共享间接地扩展了解空间，因此避免了无法找到可行解的情况。

6.6　本章小结

　　本章重点介绍了支持多 SLA 间服务共享的组合服务选取方法，并且在服务选取过程中考虑了服务之间的关联 QoS，避免了由于高性能的服务被独占造成无法找到可行解的情况，同时提高了计算资源的利用率。本章的内容主要如下。

　　① 以服务间具有的关联 QoS 为基础，给出了支持多 SLA 间服务共享的 QoS 聚合函数。并根据不同解之间的 QoS，定义了解之间的支配关系。对于互不支配的解，通过计算 crowding distance 确定不同解之间的优先关系。

　　② 为了避免由于并发请求过多造成的共享服务实例的性能急剧

下降的情况，给出了一个估算并发阈值的方法，使共享服务实例的组合服务的数量不超过阈值。

③ 利用多目标遗传算法对本章的问题进行求解。多类用户对应的组合服务被编入同一个个体，通过选择、交叉、变异操作搜索能够满足用户约束的可行解。

④ 对本章所提出的关联情景下支持多 SLA 间服务共享的组合服务优化选取方法进行了实验分析。实验结果证明：利用本章方法不仅能够提高解空间的范围，还能够提高服务实例的利用率。

第7章 结 论

7.1 本书工作总结

Web 服务是一种能够发布、定位、跨互联网使用的软件应用，它封装了应用程序的功能以及信息资源，并通过标准的编程接口进行调用。通过面向 Web 服务的业务流程执行语言（BPEL 或 BPEL4WS），可以将多个服务组合为新的复合服务，以完成用户的请求。通常，在服务空间中某些具体服务能够提供相似的功能以及不同的 QoS。在面向服务的系统中，服务等级协议（SLA）定义了施加于工作流实例的端到端 QoS 需求。为了构建一个组合服务，必须选取满足 QoS 约束的具体服务，以满足用户的需求。

在实际的场景中，很多服务之间具有 QoS 关联关系。目前的研究都假设服务间的关联关系已存在，或者服务提供者已经声明了与之具有关联关系的服务。在关联服务的应用层面，这些研究都集中于为 Web 服务建立关联 QoS 模型，然后基于关联 QoS 模型进行服务选取。然而，这类方法在实际应用中存在诸多问题。首先，由于造成服务之间具有关联关系的原因比较复杂，难以直接分析出哪些服务具有关联关系，进而影响关联关系在组合服务中的应用；其次，很多不同的应用可以通过具有关联关系的服务实现相似的功能性需求，现有的研究大都忽略了如何将关联关系作为一种可重用的知识应用于其他具有类似功能的系统中；再次，这些研究只考虑了如何在关联关系出现的情况下进行初始选取，忽略了服务异常时，如果已完成的服务与未完成的服务之间具有关联关系，如何对组合服务进行重选取；最后，这些方法只能解决单个 SLA 感知的服务选取问题，忽略了云计算环境下组合服务需要为不同的用户提供具有不同

SLA 等级的组合服务实例。围绕着服务间的关联关系，本书展开了研究，取得了一些成果，主要如下。

① 针对造成服务之间具有关联关系的原因难以分析的问题，提出了利用组合服务执行信息间接地挖掘出具有 QoS 关联关系的服务的方法。该方法以以往的执行数据作为基础，挖掘出同时执行时效果比较好的服务作为具有 QoS 关联关系的服务。最后，通过实验验证了该方法的有效性。

② 针对关联服务如何能够作为一种易于重用的知识的问题，将关联关系抽象到与具体服务无关的更高层次，即提取关联抽象服务，并根据日志恢复出组合服务的控制流程结构。将关联抽象服务及其对应的 QoS 关联服务、施加于关联抽象服务的控制流程结构记录为服务关联模式。服务关联模式反映了领域专家的业务知识，以及某些 Web 服务的使用模式。重用关联服务模式可以避免在已存在解决方案的问题上消耗大量的资源，并保证服务的质量。最后，通过实验验证了该方法的有效性。

③ 针对如何根据用户的功能性需求选取服务关联模式构建组合服务工作流程的问题，提出了基于输入、输出匹配的服务关联模式选取方法。该算法能够选出可以实现用户部分或全部功能性需求的服务关联模式，选出的服务关联模式包含的关联抽象服务与控制流程结构作为组合服务工作流的一部分，为使用具有高质量的 QoS 关联关系进行服务选取打下了基础。最后，通过实例分析验证了该方法的有效性。

④ 针对如何基于服务关联模式进行组合服务选取，以及异常情况下进行服务重选取的问题，提出了支持关联 QoS 的服务选取，以及处理异常的重选取方法。在组合服务选取方法中，只有 QoS 关联服务才能绑定关联抽象服务，进而保证了选取的质量。在重选取方法中，着重考虑了已完成的任务与未完成任务之间具有关联关系的情况，从而最大程度地保证了重选取后执行实例的质量。最后，给出了实验验证了该方法的有效性。

⑤ 针对多 SLA 感知的组合服务选取中容易出现无法找到可行解的问题，提出了关联情境下支持多 SLA 间服务共享的组合服务选取方法。在该方法中，具体服务实例能够被具有多个 QoS 等级的组合服务实例共同使用，从而避免了由于某一类用户独占高性能的服务实例，造成无法为其他用户找到可行解的问题，提高了服务实例的

利用率。同时该方法是以关联 QoS 为基础给出共享服务的 QoS 聚合函数，因此，其效果比现有的方法更好。最后，通过实验验证了该方法的有效性。

7.2 下一步的研究工作

在以上阶段性成果的基础上，将进行下一步的研究工作。主要包括：

① 本书依赖组合服务过去的执行信息提取具有 QoS 关联关系的服务，因此本书的方法需要初始日志量的积累。由于 Web 服务所处的物理环境是动态变化的，随着时间的推移，以往表现良好的候选服务在新的环境下其效果可能表现不佳。因此，需要进行定期的挖掘，以更新从日志中提取的知识。另外，本书在提取组合服务的控制流程时，需要完备的事件日志才能恢复出准确的控制结构。因此，只有在事件日志的规模足够大能够涵盖服务所有可能的执行顺序时，才能够有效地使用本书的方法。如何解决这类问题是下一步的研究内容。

② 由于 Web 服务分布于互联网中，因此组合服务是一种基于互联网协议的分布式的应用。本书采用的提取关联模式的方法，适用于集中式执行的机制。因此，如何在分布式环境下有效地挖掘关联模式，特别是在隐私问题无法获得完整执行信息的情况下，如何解决这类问题也是下一步的研究内容。

③ 当服务发生异常时，为尚未执行的工作流程重新选取服务的代价较大。例如，在一些实时应用中，重选取消耗的时间较长。因此，如何建立其他的自适应机制（例如，部署冗余服务等）进一步降低重选取的代价，是下一步的研究工作。

参考文献

[1] Bichler M and Lin K. Service-Oriented Computing[J]. Computer, 2006,39(3):99 −101.

[2] Huhns M N,Singh M P. Service-oriented computing:key concepts and principles[J]. IEEE Internet Computing,2005,9(1):75 −81.

[3] Milanovic N, Malek M. Current Solutions for Web Service Composition[J]. IEEE Internet Computing,2004,8(6):51 −59.

[4] Bellwood T,Clement L,Ehnebuske D,et al. UDDI version 3. 0[EB/ OL]. http://uddi. org/pubs/uddi_v3. htm,2002:1 −2.

[5] Curbera F,Duftler M,Khalaf R,et al. Unraveling the Web services Web:an introduction to SOAP, WSDL, and UDDI [J]. IEEE Internet Computing,2002,6(2):86 −93.

[6] Oh S C,Lee D W,Kumara S R T. Effective Web service composition in diverse and large-scale service networks[J]. IEEE Transaction on Service Computing,2008,1(1):15 −32.

[7] Shu Z and Song M. An architecture design of life cycle based SLA management[C]//The 12th International Conference on Advanced Communication Technology(ICACT),2010:1351 −1355.

[8] Zeng Liang-zhao, Benatallah B, Ngu A H, et al. QoS-aware mddleware for Web services composition[J]. IEEE Transactions on Software Engineering,2004,30(5):311 −327.

[9] Yu T, Zhang Y, Lin K J. Efficient algorithm for Web services selection with end-to-end QoS consraints[J]. ACM Transactions on the Web,2007,1(1):1 −26.

[10] Wagner, F, Klein A, Klopper B, et al. Multi-objective service composition with time- and input-dependent QoS [C]// IEEE

International Conference on Web Services. Honolulu, USA: IEEE Computer Society, 2012:234 - 241.

[11] Moustafa A and Minjie Z. Multi-objective service composition using reinforcement learning[C]// 11th International Conference on Service Oriented Computing, 2013:298 - 312.

[12] Orna A B Y, Muli B Y, Assaf S, et al. Deconstructing Amazon EC2 Spot Instance Pricing[J]. ACM Transactions on Economics and Computation, 2013, 1(3):1 - 20.

[13] Blake M, Cummings D. Workflow composition of Service Level Agreements [C]// International Conference on Services Computing, 2007:138 - 145.

[14] Papazoglou M P. Service-oriented computing: concepts, characteristics and directions [C]// The 4th International Conference on Web Information Systems Engineering(WISE03). Martain: IEEE Computer Society, 2003:3 - 12.

[15] Perrey R, Lycett M. Service-oriented architecture [C]. 2003 Symposium on Applications and the Internet Workshops(SAINT'03 Workshops). Orlando: IEEE Computer Society 2003:116 - 119.

[16] Arsanjani A. Service-oriented modeling and architecture [EB/OL]. http://www - 128. ibm. com/developerworks/webservices/library/ws-soa-design1/

[17] David M, Massimo P, Sheila M, et al. Bringing semantics to Web services: the OWL-S approach[J]. Semantic Web Services and Web Process Composition Lecture Notes in Computer Science, 2005(3387):26 - 42.

[18] Canfora G, Massimiliano D P, Esposito R, et al. Service composition(re)binding driven by application-specific QoS[C]// The 4th International Conference on Service Oriented Computing, 2006:141 - 152.

[19] Schahram D, Wolfgang S. A survey on Web services composition [J]. International Journal of Web and Grid Services, 2005, 1(1):1 - 30.

[20] Casati F, Sayal M, Shan M C. Developing e-services for composing

e-services [C]// 13th International Conference on Advanced Information Systems Engineering (CAiSE2001). Interlaken, Switzerland:Springer,2001:171 – 186.

[21] Zhongjie L, Wei S, Bojiang Z, et al. BPEL4WS unit testing: framework and implementation [C]//IEEE International Conference on Web Services,IEEE Computer Society,2005:103 – 110.

[22] Malekan H S,Hamideh A. Overview of business process modeling languages supporting enterprise collaboration [J]. Business Modeling and Software Design,2014(173):24 – 45.

[23] Casati F, Sayal M, and Shan M C. Developing e-services for composing e-services [C]// 13th International Conference on Advanced Information Systems Engineering (CAiSE2001). Interlaken,Switzerland:Springer,2001:171 – 186.

[24] Fabio C, Ming-Chien S. Dynamic and adptivecomposition of e-services[J]. Information Systems,2001,26(3):143 – 163.

[25] Patil A, Oundhakar S, Sheth A, et al. METEOR-S Web service annotation framework[C]// Proceedings of the 13th International World Wide Web Conference (WWW2004). New York, USA: IEEE Computer Society,2004:553 – 562.

[26] Sheng Q Z,Benatallah B,Dumas M,et al. SELF-SERV:a platform for rapid composition of web services in a peer-to-peer environment [C]// 28th International Conference on Very Large Data Base. Hong Kong,China:IEEE Computer Society,2002:1051 – 1054.

[27] Piergiorgio B, Marco P, Paolo T. Automated composition of Web services via planning in asynchronous domains [J]. Artificial Intelligence,2010,174(3 – 4):316 – 361.

[28] Brahim M, Athman B, Ahmed K E. Composing Web services on the semantic Web[J]. The VLDB Journal,2003,12 (4):333 – 351.

[29] Pistore M,Marconi A,Bertoli P,et al. Automated composition of Web services by planning at the knowledge level [C]// International Joint Conference on Artificial Intelligence. Edinburgh,Scotland:IEEE Computer Society,2005:1252 – 1259.

[30] Canfora G, Penta M D, Esposito R, et al. An Approach for QoS-aware service composition based on genetic algorithms [C] // Proceedings of ACM International Conference on Genetic and Evolutionary Computation, 2005:1069 – 1075.

[31] John T E, Gerald C G. Specifying Semantic Web Service Compositions using UML and OCL [C]//IEEE International Conference on Web Services(ICWS 2007),2007:521 – 528.

[32] Chia-Feng L, Ruey-Kai S, Yue-Shan C, et al. A relaxable service selection algorithm for QoS-based web service composition[J]. Information and Software Techonology, 2011, 53 (12): 1370 – 1381.

[33] 史忠植,常亮.基于动态描述逻辑的语义 Web 服务推理[J].计算机学报,2008,31(9):1599 – 1611.

[34] 王杰生,李舟军,李梦君.用描述逻辑进行语义 Web 服务组合[J].软件学报,2008,19(4):967 – 980.

[35] Skogan D, Gronmo R, Solheim I. Web service composition in UML [C]//Proceedings of the 8th IEEE International Enterprise Distributed Object Computing Conference, 2004:47 – 57.

[36] Jiang J, Systa T. UML-based modeling and validity checking of Web service descriptions[C]// IEEE International Conference on Web Services, IEEE Computer Society, 2005:223 – 235.

[37] Zeng Liang-zhao, Ngu A H, Benatallah B, et al. Dynamic composition and optimization of Web services[J]. Distributed and Parallel Databases, 2008, 24(1 – 3), 45 – 72.

[38] Danilo A, Barbara P. Adaptive service composition in flexible processes[J]. IEEE Transactions on Software Engineering, 2007, 33(6):369 – 384.

[39] 蒋哲远,韩江洪,王钊.动态的 QoS 感知 Web 服务选择和组合优化模型[J].计算机学报,2009,32(5):1014 – 1025.

[40] Gerardo C, Massimiliano D P, Raffaele E, et al. A framework for QoS-aware binding and re-binding of composite Web services[J]. Journal of Systems and Software, 2008, 81(10), 1754 – 1769.

[41] 夏亚梅,程渤,陈俊亮,等.基于改进蚁群算法的服务组合优化[J].计算机学报,2012,35(2):270 – 281.

［42］ Barakat L, Miles S, Poernomo I, et al. Efficient Multi-granularity service composition［C］//IEEE International Conference on Web Services. Washington, DC: IEEE Computer Society, 2011: 227 - 234.

［43］ Alrifai M, Risse T, Nejdl W. A hybrid approach for efficient Web service composition with end-to-end QoS constraints［J］. ACM Transactions on the Web, 2012, 6(2): 1 - 31.

［44］ Hua G, Fei T, Lin Z, et al. Correlation-aware Web Services Composition and QoS Computation Model in Virtual Enterprise ［J］. The International Journal of Advanced Manufacturing Technology, 2010, 51(5 - 8): 817 - 827.

［45］ 代钰, 杨雷, 张斌, 等. 支持组合服务选取的 QoS 模型及优化求解［J］. 计算机学报, 2006, 29(7): 1167 - 1178.

［46］ Fei T, Dongming Z, Yefa H, et al. Correlation-aware resource service composition and optimal-selection in manufacturing grid ［J］. European Journal of Operational Research, 2010, 201(1): 129 - 143.

［47］ Barakat L, Miles S, Luck M. Efficient correlation-aware service selection ［C］//IEEE 19th International Conference on Web Services. Honolulu, USA: IEEE Computer Society, 2012: 1 - 8.

［48］ Bartalos P, Bielikova M. QoS Aware Semantic Web Service Composition Approach Considering Pre/Postconditions ［C］// IEEE International Conference on Web Services, Miami FL, 2010: 345 - 352.

［49］ Wada H, Suzuki J, Yamano Y, et al. Evolutionay deployment optimization for service-oriented clouds［J］. Software: Practice and Experience, 2011, 41(5): 469 - 493.

［50］ Wada H, Suzuki J, Yamano Y, et al. E3: A multiobjective optimization framework for SLA-aware service composition［J］. IEEE Transactions on Service Computing, 2012, 5(3): 358 - 372.

［51］ 张明卫, 魏伟杰, 张斌, 等. 基于组合服务执行信息的服务选取方法研究［J］. 计算机学报, 2008, 31(8): 1398 - 1411.

［52］ Bipin U, Ran T, Ying Z. An approach for mining service composition patterns from execution logs［J］. Journal of Software:

Evolution and Process, 2013, 25(8):841 − 870.

[53] Walid G, Karim B, Claude G. Log-based mining techniques applied to Web service composition reengineering[J]. Service Oriented Computing and Applications, 2008, 2(3):93 − 110.

[54] Liang Q, Chung J, Miller S, et al. Service pattern discovery of web service mining in web service registry-repository [C]//IEEE International Conference on e-Business Engineering, Shanghai, 2006:286 − 293.

[55] Mingwei Z, Bin Z, Ying L, et al. Web service composition based on QoS rules [J]. Journal of Computer Science and Technology, 2010, 25(6):1143 − 1156.

[56] Zibi Z, Hao M M, Irwin K. QoS-aware Web service recommendation by collaborative filtering[J]. IEEE Transactions on Service Computing, 2011, 4(2):140 − 152.

[57] Mehdi M, Bouguila N and Bentahar J. A QoS-based trust approach for service selection and composition via bayesian networks[C]// IEEE 20th International Conference on Web Services, 2013:211 − 218.

[58] Erich G, Richard H, Ralph J, et al. Design patterns: abstraction and reuse of object-oriented design[J]. Lecture Notes in Computer Science, 1993(707):406 − 431.

[59] Gravino C, Risi M, Scanniello G, et al. Does the documentation of design pattern instances impact on source code comprehension? results from two controlled experiments [C]. The 18th Working Conference on Reverse Engineering, Limerick, 2011:67 − 76.

[60] Radu C, Lars G, Marta K, et al. Dynamic QoS management and optimization in service-based systems [J]. IEEE Transactions on Software Engineering, 2011, 37(3):387 − 409.

[61] Claudio B, Dario M, Daniele R. Distributed context monitoring for the adaptation of continuous services[J]. World Wide Web, 2007, 10(4):503 − 528.

[62] Zheng G, Bouguettaya A. A Web service mining framework[C]// IEEE International Conference on Web Services. Salt Lake City, UT, USA: IEEE CS Press, 2007:1096 − 1103.

［63］ IBM WebSphere Process Server［EB/OL］. http：//www-01. ibm. com/software /integration/wps/.

［64］ Athanasios S，Owen C，Razvan P，et al. Template-based adaptation of semantic Web services with model-driven engineering［J］. IEEE Transactions on Service Computing，2010，3（2）：116 - 130.

［65］ Fki E，Mohamed J，Chantal S D，et al. A flexible approach for service composition using service patterns［C］//Proceedings of the Annual ACM Symposium on Applied Computing，Riva del Garda，Italy，2012：1976 - 1983.

［66］ 陈世展，冯志勇，王辉. 服务关系及其在面向服务计算中的应用［J］. 计算机学报，2010，33（11）：2068 - 2083.

［67］ Dong X，Halevy A，Madhavan J，et al. Similarity search for Web services［C］//Proceedings of the 30th International Conference on Very Large Data Bases. Toronto，Canada：VLDB Endowment，2004：372 - 383.

［68］ Yang S Y. Developing an energy-saving and case-based reasoning information agent with Web service and ontology techniques［J］. Expert System with Applications，2013，40（9）：3351 - 3369.

［69］ Liu Xu-min，Liu Hua. Automatic Abstract service generation from Web service communities［C］// The 19th IEEE International Conference on Web Services，Honolulu，HI，2012：154 - 161.

［70］ Hongxia T，Jian C，Shengsheng Z，et al. A distributed algorithm for Web service composition based on service agent［J］. IEEE Transactions on Parallel and Distributed Systems，2011，22（12）：2008 - 2021.

［71］ Jorge C，Amit S，John M，et al. Quality of service for workflows and Web service processes［J］. Journal of Web Semantics，2004，1（3）：281 - 308.

［72］ Lin Wen-min，Dou Wan-chun，Luo Xiang-feng，et al. A history record-based service optimization method for QoS-aware service composition ［C］//IEEE International Conference on Web Services，Washington，DC，2011：666 - 673.

［73］ Cruz S M S，Campos M L M，Pires P F，et al. Monitoring e-business Web services usage through a log based architecture

［C］//IEEE International Conference on Web Services,2004:61
－69.

［74］ Gombotz R,Dustdar S. On Web Services Workflow Mining［M］.
Business Process Management Workshops,Springer Berlin Heidelberg,
2006:216－228.

［75］ David W C, Vincent T N, Ada W F, et al. Efficient mining of
association rules in distributed databases［J］. IEEE Transactions
on Knowledge and Data Engineering,1996,8(6):911－922.

［76］ Agrawal R, Imielinski T, Swami A N. Mining association rules
between sets of services in large databases［C］//ACM SIGMOD
International Conference on Management of data,1993:207－216.

［77］ Silva P R,Jiji Z,Shanahan P J G. Probabilistic workflow mining
［C］// Proceedings of the 11th ACM SIGKDD International
Conference on Knowledge Discovery in Data Mining, Chicago,
Illinois,USA,2005:275－284.

［78］ Weijters A J M M,Aalst W M P V D. Rediscovering workflow
models from event-based data ［C］//Proceedings of the 11th
Dutch-Belgian Conference on Machine Learning Benelearn,2001:
93－100.

［79］ Weijters A J M M,Aalst W M P V D. Process mining:discovering
workflow models from event-based data［C］//Proceedings of the
13th Belgium-Netherlands Conference on Artificial Intelligence,
2001:283－290.

［80］ Liu Y,Ngu A H,Zeng Liang-zhao. QoS computation and policing
in dynamic Web service selection［C］// Proceedings of the 13th
international World Wide Web conference on Alternate track
papers & posters,2004:66－73.

［81］ Quinlan J R. Induction of Decision Trees［J］. Machine Learning,
1986,1(1):81－106.

［82］ Cover T M,Thomas J A. Elements of Information Theory Second
Edition［M］. Hoboben,New Jersey. John Wiley & Sons,Inc,2006:
13－16.

［83］ Marie O C,Roberto M,Sophie R,et al. Adapting Web services to
maintain QoS even when faults occur ［C］//The 19th IEEE

International Conference on Web Services, Santa Clara, CA, 2013: 403 – 410.

［84］ Gianpaolo C, Leandro S P, Giordano T. QoS-aware adaptive service orchestrations［C］//The 19th IEEE International Conference on Web Services, Honolulu, HI, 2012:440 – 447.

［85］ Lina B, Simon M, Michael L. Efficient adaptive QoS-based service selection［J］. Service Oriented Computing and Applications, 2013, 8(4), 261 – 276.

［86］ Berbner R, Spahn M, Repp N, et al. Heuristics for QoS-Aware Web Service Composition［C］//IEEE International Conference on Web Services, 2006:72 – 82.

［87］ Valeria C, Emiliano C, Vincenzo G, et al. MOSES: a framework for QoS driven runtime adaptation of service-oriented systems［J］. IEEE Transactions on Software Engineering, 2012, 38(5):1138 – 1159.

［88］ 叶世阳, 魏峻, 李磊, 等. 支持服务关联的组合服务选择方法研究［J］. 计算机学报, 2008, 31(8):1383 – 1397.

［89］ Shao L S, Zhang J, Wei Y, et al. Personalized QoS prediction for Web services via collaborative filtering［C］//IEEE International Conference on Web Services. Utah, USA: IEEE Computer Society, 2007:439 – 446.

［90］ Zahoor E, Perrin O, Godart C. An event-based reasoning approach to Web services monitoring［C］//IEEE International Conference on Web Services, Piscataway, 2011:628 – 635.

［91］ Han Jia-wei, Kamber M. 数据挖掘概念与技术［M］. 北京:机械工业出版社, 2012:293 – 295.

［92］ Salvatore R. Efficient C4. 5［J］. IEEE Transactions on Knowledge and Data Engineering, 2002, 14(2):438 – 444.

［93］ Wang R X, Ma L, Chen Y P. The Research of Web Service Selection Based on the Ant Colony Algorithm［C］//Proceedings of the 2010 International Conference on Artificial Intelligence and Computational Intelligence, 2010:551 – 555.

［94］ Alferez G H, Pelechano V, Mazo R, et al. Dynamic adaptation of service compositions with variability models ［J］. Journal of

Systems and Software,2014(91):24 −47.

[95] 汪浩,黄明和,龙浩. 基于 G/G/1-FCFS、M/G/1-PS 和 M/G/∞ 排队网络的 Web 服务组合性能分析[J]. 计算机学报,2013,36 (1):22 −38.

[96] Wada H,Suzuki J,Oba K. Queuing theoretic and evolutionary deployment optimization with probabilistic SLAs for service oriented clouds [C]//IEEE International Workshop on Cloud Services,Los Angeles,CA,2009:661 −669.

[97] Srinivas N,Deb K. Muiltiobjective optimization using nondominated sorting in genetic algorithms [J]. Evolutionary Computation,1994,2(3):221 −248.

[98] Deb K,Pratap A,Agarwal S,et al. A Fast and Elitist Multiobjective Genetic Algorithm:NSGA-II[J]. IEEE Transactions on Evolutionary Computation,2002,6(2):182 −197.

[99] Fan Xiao-Qin,Fang Xian-Wen,JiangChang-Jun. Research on Web service selection based on cooperative evolution [J]. Expert Systems with Applications,2011,38(8):9736 −9743.